MATHE – VOLL GEFÄHRLICH

MATHE – VOLL GEFÄHRLICH

von Sean Connolly

h.f.ullmann

MIX
Papier aus verantwortungsvollen Quellen
FSC
www.fsc.org
FSC® C106148

First published in the United States under the title:
THE BOOK OF PERFECTLY PERILOUS MATH:
24 Death-Defying Challenges for Young Mathematicians
ISBN 978-0-7611-6374-9

Published by arrangement with
Workman Publishing Company, New York

Gestaltung von Netta Rabin und Tae Won Yu

Illustrationen auf dem Cover und an den
Kapitelanfängen von Allan Sanders

Illustrationen „Mathe-Labor“ von Robb Allen

Mathematische Beratung: Kara Imm; George Hart,
Museum of Mathematics

Projektleitung für h.f.ullmann: Lars Pietzschmann

Produktion der deutschen Ausgabe: writehouse, Köln

Übersetzung: Katrin Höller

Lektorat: Christina Kuhn

Satz: InterMedia, Ratingen

Gesamtherstellung:
h.f.ullmann publishing GmbH, Potsdam

Printed in Hungary, 2014

ISBN 978-3-8480-0377-8

10 9 8 7 6 5 4 3 2

X IX VIII VII VI V IV III II I

www.ullmann-publishing.com
newsletter@ullmann-publishing.com
facebook.com/hfullmann
twitter.com/hfullmann

Für Frederika, Jamie, Anna, Thomas und Dafydd, die mir stets verlässlich helfen, allem Gefährlichen aus dem Weg zu gehen.

Ich danke Raquel Jaramillo, Krestyna Lypen und Netta Rabin von Workman Publishing sowie meinem Agenten Jim Levine für die Hilfe beim Lösen der Probleme, die in dem – und durch das – Buch aufgeworfen wurden. Auf das Ergebnis können wir alle stolz sein. Außerdem boten mir folgende Einzelpersonen und Organisationen in jedem Stadium Inspiration, geduldige Ratschläge oder ein offenes Ohr:

AAAS, Camco International, Gregory Etter, Dr. Gary Hoffman, Hostelling International, Professor Stewart Johnson, Dr. Peter Lydon, Massachusetts Institute of Technology, Professor Frank Morgan, Dr. Sarah Morse, Professor Jay Pasachoff, Ian Phipps, Peter Rielly, Elizabeth Stell, Nora Walsh und die Abteilung für Mathematik und Statistik des Williams College.

INHALT

ÜBERLEBENSCHANCE:
GERINGE BIS KEINE CHANCE

ÜBERLEBENSCHANCE: DU BIST TOT

EINFÜHRUNG

Mathe – voll gefährlich. Was soll denn an Mathe gefährlich sein?, fragst du dich. Bei „gefährlich" fällt dir vielleicht ein Pfad ein, der sich ganz dicht am Rande eines hohen Felsens entlangschlängelt – ohne Geländer –, und Hunderte Meter unter dir donnert ein Fluss durch die Schlucht. Oder vielleicht denkst du an eine gefährliche Aktivität wie Schwertschlucken oder Fallschirmspringen.

Auf deinem Weg durch dieses Buch werden dir alle möglichen Gefahren begegnen: ein fast leerer Sauerstofftank beim Tauchen in einem Schiffswrack; bewaffnete Spione in einem Schnellzug; blutdürstige Vampire, die eine ganze Stadt erobern wollen; der schmerzhafte Biss einer tödlichen Spinne. Zwei Dinge haben sie alle gemeinsam (abgesehen davon, dass sie alle gefährlich sind): Zum einen ist es möglich, aus all diesen Gefahren Auswege zu finden – mit einfachen Hilfsmitteln aus der Mathematik. Und zum anderen bist *du* derjenige, der diese Hilfsmittel finden und korrekt anwenden muss.

Du wirst sehen: Mathe selbst ist eigentlich nicht gefährlich – vielmehr kann sie dir (in diesem Buch und vielleicht auch mal im wirklichen Leben) helfen, aus mehr oder weniger gefährlichen Situationen herauszukommen. Auf jeden Fall ist es immer nützlich, wenn du ganz schnell im Kopf und auf dem Papier ein paar Kalkulationen anstellen kannst – und das lässt sich mit diesem Buch prima üben! Wir haben dir sogar Platz zum Rechnen eingebaut.

MATHE IM WIRKLICHEN LEBEN

Die 24 Rätselaufgaben in *Mathe – voll gefährlich* nehmen dich mit in eine Welt, in der dein Matheunterricht auf das wirkliche Leben trifft. Na ja, vielleicht nicht ganz das alltägliche Leben. Aber das ist ja manchmal auch langweilig. Natürlich hast du schon gelernt, wie viel Rückgeld du bekommst, wenn du eine Cola und ein Eis kaufst und mit einem 5-Euro-Schein bezahlst, aber bei den Aufgaben in diesem Buch steht viel mehr auf dem Spiel: Hinter jeder Ecke lauern tödliche Risiken. Du wirst ein wenig rechnen müssen, ähnlich wie beim Bezahlen oder beim Teilen einer Pizza mit deinen Freunden, bloß dass dein Einsatz dieses Mal höher ist – viel höher.

WIE DIESES BUCH FUNKTIONIERT

Jede der Aufgaben in *Mathe – voll gefährlich* stellt dich vor ein haariges Problem, bei dem es ums Ganze geht und das schnell gelöst werden muss. Und dafür brauchst du dein ganzes Wissen in Mathe (aber keine Angst, alles wird genau erklärt). Denn die Rechenarten, die dir jeden Tag im Matheunterricht begegnen, bekommen hier eine ganz neue Bedeutung: Sie sind entscheidend für dein Überleben!

- Wahrscheinlichkeitsrechnung? Könnte dir helfen, dich für eine Tür zu entscheiden, wenn dein Leben davon abhinge: Die Tür, die in die Freiheit führt, oder die, hinter der schon der Henker wartet …

- Zehnerpotenzen? Könntest du gebrauchen, um ein Serum herzustellen, das einem in Not geratenen Wissenschaftler im Dschungel das Leben rettet.

- Die Kreiszahl Pi? Könnte wichtig werden, wenn du einen Schutzschild bauen musst, um einen Planeten vor einem Asteroiden zu retten, der durchs All auf ihn zurast.

Die Aufgaben sind in drei langsam ansteigende Schwierigkeitsgrade eingeteilt, je nach Überlebenschance: DU KÖNNTEST ES SCHAFFEN (ab 5. Klasse), GERINGE BIS KEINE CHANCE (ab 6. Klasse) und DU BIST TOT (ab 7. Klasse). Die „Überlebensstrategien" am Anfang jeder Aufgabe sagen dir, mit welchen Mathekenntnissen du die Gefahr ausschalten kannst.

Wenn dir dabei einige Begriffe oder auch Lösungswege komisch vorkommen: Gib nicht sofort auf! Denn das liegt vielleicht daran, dass man so eine Aufgabe in deinem Bundesland ein bisschen anders rechnet oder die Dinge anders benennt. Zum Beispiel, wenn es darum geht, einen fehlenden Wert herauszufinden, indem man die Werte, die man schon weiß, zueinander in ein Verhältnis setzt. Das kann man auf unterschiedliche Arten machen: Oft wird dafür der sogenannte „Dreisatz" benutzt. In diesem Buch machen wir so etwas – damit es ausführlicher ist – eher mit einer proportionalen Gleichung. Die sieht zwar ein wenig anders aus, ist aber im Grunde dasselbe wie der Dreisatz – und das Ergebnis ist sowieso gleich!

Denn das solltest du beim Rechnen in diesem Buch merken: In der Mathematik gibt es oft mehr als einen Lösungsweg, und meistens braucht man dafür mehrere Schritte. Auf der Seite DIE LÖSUNG zeigen wir dir alle Schritte genau, und dabei nehmen wir immer den Lösungsweg, an dem man die Rechnung besonders gut nachvollziehen kann. Das wirkt vielleicht manchmal etwas umständlich – wenn du Lust hast, kannst du es natürlich auch immer mit einem anderen Lösungsweg versuchen! Du kannst hier gut sehen, wie die einzelnen Schritte zusammenarbeiten und wie man damit auch herumspielen kann, um die Lösung zu finden. Und das alles in neuer und aufregender Umgebung!

Du kannst dich ganz allein ans Lösen der Aufgaben machen. Wenn du möchtest, bekommst du aber auch etwas Hilfe, und zwar von einem der größten Mathematiker der Weltgeschichte: Euklid. Hinter jeder Aufgabe findest du einen Kasten mit „Euklids Ratschlag", der dich auf die richtige Fährte führt. Stell dir Euklid einfach als hilfsbereiten Freund vor, der dir Hinweise ins Ohr flüstert.

Jede Aufgabe endet mit dem „Mathe-Labor", in dem du die Rechnungen, die dich zur Lösung geführt haben, auch mal in einem Versuch anwenden kannst. Keine Sorge: Nur weil es ein „Labor" ist, benötigst du keine besonderen Utensilien. Im Mathe-Labor kannst du Mathematik mit ganz einfachen Zutaten testen und vorführen – zum Beispiel mit Sand, Eiscreme, Tonpapier, einer Taschenlampe und einer Landkarte.

Und die Seiten namens „Mathe-Magie", die ab und zu auftauchen? Das sind ein paar Tricks, damit du siehst, was für coole Dinge du mit Mathe anstellen kannst. Aber jetzt genug mit den Erklärungen. Es wird Zeit, dass du die gefährlichen Probleme angehst!

01

ÜBERLEBENSCHANCE: DU KÖNNTEST ES SCHAFFEN

ÜBERLEBENSSTRATEGIEN: GRUNDRECHENARTEN

TOD DURCH: RIESIGE, SCHARFE KLINGE

DER KERKER UND DIE KLINGE

DAS PROBLEM

Es ist das Jahr 1714. Du wachst auf in einem dunklen spanischen Gefängnis und merkst, dass du mit Seilen auf einem Tisch festgebunden bist. In der Finsternis hörst du ein rhythmisch sausendes Geräusch: Etwas schwingt vor und zurück, vor und zurück. Als sich deine Augen an das Dunkel gewöhnen, siehst du, dass das Geräusch von einem langen Pendel stammt, an dem eine scharfe Klinge hängt, die über deinem Körper hin- und herschwingt. Mit jedem Schwung senkt sie sich etwas – und kommt näher an deine Brust heran.

Du stellst fest, dass die Zeitspanne, die ein Schwung dauert, exakt 7 Sekunden beträgt und dass die Klinge bei jedem Schwung 1 cm weiter herunterkommt. Beim letzten Schwung war sie nur noch 15 cm über deiner Brust. Es wird nicht mehr lange dauern, und die Klinge wird dich glatt durchschneiden!

Solltest du um Hilfe schreien? Dann würde wahrscheinlich nur ein Gefängniswärter kommen, der dich auf der Stelle mit dem Schwert töten würde.

Aber halt! Neben deinem Arm sitzt eine Ratte, die fleißig das Seil durchknabbert, das dich am Tisch festbindet. Sie wird nur noch 1 Minute brauchen, bis sie sich ganz durchgenagt hat. Und dann kannst du dich befreien!

Wird die Ratte sich durchgeknabbert haben, bevor oder nachdem die Klinge in deine Brust schneidet? Wie viel Zeit bleibt dir genau?

EUKLIDS RATSCHLAG

Du hast bereits alle Informationen, die du zum Lösen des Problems brauchst. Das Ganze ist ein Rennen zwischen der Ratte und der am Pendel hängenden Klinge.

- **Du weißt, wie lange die Ratte brauchen wird, um das Seil durchzunagen.**
- **Du weißt, wie viel tiefer die Klinge noch gelangen muss, um dich zu erreichen, wie viel tiefer sie bei jedem Schwung kommt und wie viele Sekunden ein Schwung dauert.**

PLATZ ZUM RECHNEN

15 · 7
105

105 sek
− 60 sek
45 sek

Lösung 45 Sekunden ✓

DIE LÖSUNG

DIE RATTE WIRD DAS SEIL 45 SEKUNDEN, BEVOR DIE KLINGE DEINE BRUST ERREICHT, DURCHGENAGT HABEN.

Löse das Problem Schritt für Schritt:

1. Du weißt, dass die Ratte 1 Minute (60 Sekunden) brauchen wird, um sich durch das Seil zu nagen.

2. Die Klinge ist noch 15 cm von deiner Brust entfernt und kommt mit jedem Schwung 1 cm näher. Wie viele Schwünge braucht sie noch, um dich zu erreichen? Teile dazu die Höhe, in der die Klinge über dir hängt (15 cm), durch die Höhe, die sie pro Schwung herunterkommt (1 cm).

$15 \div 1 = 15$ Schwünge

3. Wie lange brauchen 15 Schwünge nun, wenn ein Schwung 7 Sekunden dauert? Multipliziere die Anzahl der Schwünge (15) mit der Anzahl der Sekunden, die jeder Schwung dauert (7).

$15 \times 7 = 105$ Sekunden

4. Die Ratte braucht nur 60 Sekunden, um das Seil durchzuknabbern – sie schlägt also das Pendel!

5. Um herauszufinden, wie viel Zeit du noch übrig hast, bevor die Klinge sich in deine Brust bohrt, subtrahiere die kleinere Zeitspanne (die 60 Sekunden der Ratte) von der größeren (die 105 Sekunden des Pendels).

$105 - 60 = 45$ Sekunden

Du hast also noch 45 Sekunden Zeit, bevor die Klinge dich trifft.

Puh! Von der Ratte gerettet.

MATHE-LABOR

Mache dieses Experiment, um ein Gefühl für ein Pendel und dessen Bewegung zu bekommen.

DU BRAUCHST

- 1 90 CM LANGE SCHNUR
- 1 SCHLÜSSEL
- 1 SCHERE
- 4 ODER 5 SCHWERE BÜCHER
- 1 TISCH (MINDESTENS 80 CM HOCH)
- 1 LINEAL
- 1 UHR, DIE SEKUNDEN ANZEIGEN KANN

DER VERSUCH

1. Nimm die Schnur und den Schlüssel zur Hand.

2. Ziehe ein Ende der Schnur durch die Öffnung des Schlüssels und knote es an der Schnur knapp über dem Schlüssel fest.

3. Schneide die überschüssige Schnur vom Knoten ab und schiebe den Knoten am Schlüssel ganz nach oben, sodass der Schlüssel senkrecht nach unten zeigt.

4. Staple die Bücher auf dem Tisch direkt an der Kante auf und schiebe das andere Ende der Schnur darunter.

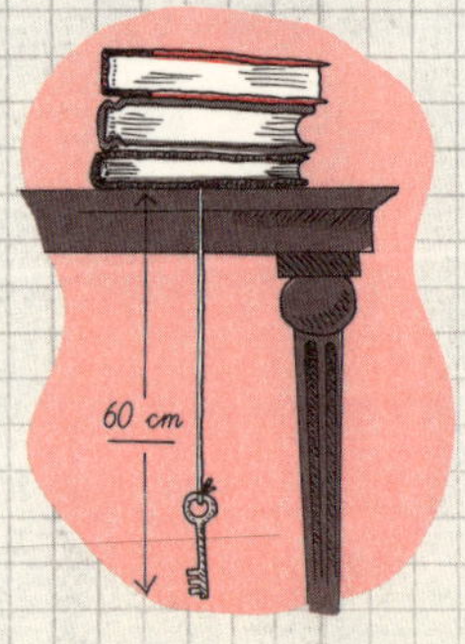

5. Miss das herunterhängende Stück Schnur (dein Pendel) und

ziehe es unter den Büchern so zurecht, dass es von der Tischkante bis zum unteren Ende des Schlüssels 60 cm misst.

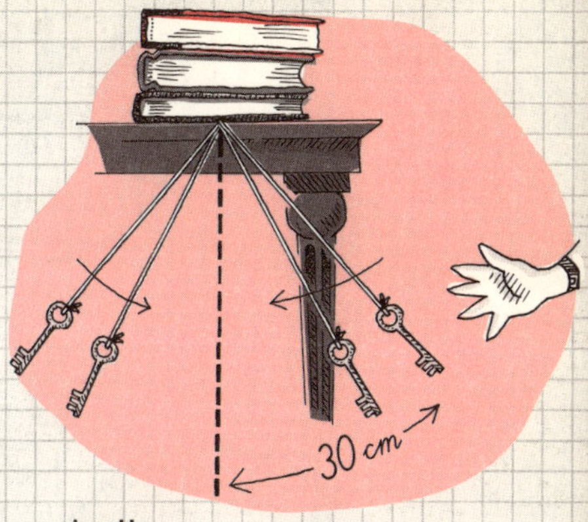

6. Ziehe nun das Pendel parallel zur Tischkante etwa 30 cm nach links, lass es los und zähle, wie oft es innerhalb 1 Minute durch die (gedachte) Mitte schwingt.

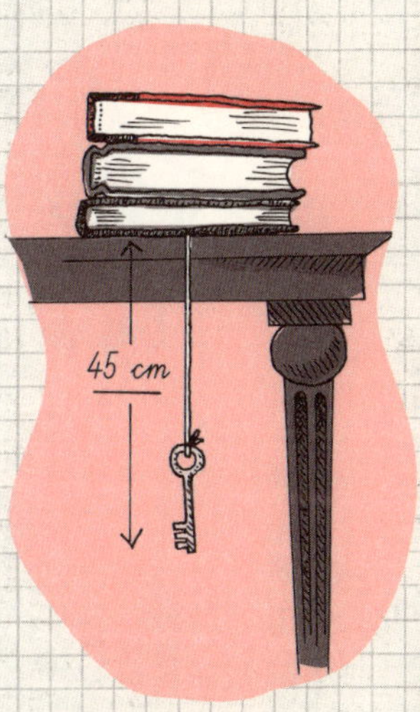

7. Halte das Pendel an, ziehe es nun parallel zur Tischkante etwa 15 cm nach links und zähle auch hier, wie oft es innerhalb 1 Minute durch die Mitte schwingt.

8. Schiebe nun die Schnur so weit unter die Bücher, dass das Pendel statt 60 cm nur noch 45 cm herunterhängt.

9. Wiederhole die Schritte 6 und 7.

10. Was passiert, wenn du die Länge der Schnur veränderst? Was sagen dir deine Ergebnisse über die Bewegung von Pendeln ganz allgemein?

DIE LÖSUNG: DIE ANZAHL DER SCHWÜNGE, DIE EIN PENDEL EINER BESTIMMTEN LÄNGE (IN DIESEM EXPERIMENT 60 ODER 45 CM) IN EINER BESTIMMTEN ZEIT (IN DIESEM EXPERIMENT 1 MINUTE) AUSFÜHRT, BLEIBT DIE GLEICHE – EGAL, WIE WEIT ES ZU BEIDEN SEITEN AUSSCHWINGT. DIE ANZAHL DER SCHWÜNGE VERÄNDERT SICH NUR DANN, WENN SICH DIE LÄNGE DES PENDELS ÄNDERT.

1/10
1/8
+
60
15
30
45
$90
x3
= 1/16
PEPPER
AVENU
pizza
2
1/2
3

02

ÜBERLEBENSCHANCE: DU KÖNNTEST ES SCHAFFEN

ÜBERLEBENSSTRATEGIEN: BRÜCHE

TOD DURCH: KÜNDIGUNG

DAS PIZZA-PROBLEM

DAS PROBLEM

Es ist dein erster Arbeitstag beim Modemagazin *Catwalk* – das war immer dein Traum! Du fängst zwar bloß als „Mädchen für alles" dort an, aber wenn du geduldig und engagiert bist, wirst du vielleicht eines Tages zu den Modenschauen in Mailand und Paris mitfliegen dürfen.

Aber das ist bisher nur ein Traum. Jetzt bist du erst einmal die Assistentin der glamou-

PIZZA MARGHERITA

Die Pizza wurde im 19. Jahrhundert in Süditalien erfunden. Die Pizza Margherita – Grundlage für viele andere Pizzas – ist nach der damaligen Königin Margherita benannt und hatte einen Belag in den italienischen Nationalfarben: grünes Basilikum, weißer Mozzarella und rote Tomaten.

rösen Chefin von *Catwalk*, Corey DiFerro – einer der härtesten Chefinnen in diesem Geschäft. Man sagt, dass sie Designer, Fotografen, Empfangsdamen – und wahrscheinlich auch Assistentinnen – buchstäblich auffrisst. Und du hast nie herausgefunden, warum die letzte Assistentin nur einen einzigen Tag bei *Catwalk* war ...

Du stehst gerade vor dem Chefbüro, als sich die Tür öffnet und jemand dich ruft: „Mrs. DiFerro braucht dich ... *jetzt*!"

Im Büro steht ein Grüppchen um den Konferenztisch herum. Du erkennst Modedesigner, Supermodels, zwei Popstars, Fotografen ... und Corey DiFerro, die dich streng anschaut.

„Okay, haben wir deine Aufmerksamkeit? Also, wir müssen in einer Dreiviertelstunde zum Fotoshooting und brauchen vorher etwas zu essen. Pizza geht am schnellsten. Die Pizzeria Da Noi liefert nicht aus, also gehst du hin und holst Pizza für uns, am besten nur Margherita. Wie viel will denn jeder? Ich rufe eure Namen, und ihr sagt meiner Assistentin, wie viel ihr wollt.

Die Scala-Zwillinge?"

„Jede 1 Stück."

„Die Designabteilung?"

„2 Pizzas."

„Gino?"

„1/2 Pizza."

„Die Redakteure?“

„Wir teilen uns 1 Pizza.“

„Arturo?“

„3 Stücke.“

„Steve, unser lieber Fahrer?“

„1 Pizza.“

„Und für mich nur 1 Stück“, sagt Mrs. DiFerro. Sie gibt dir ein Bündel Dollarscheine und schickt dich los: „Die nehmen nur Bargeld dort. Beeil dich!“

Im Fahrstuhl nach unten zählst du das Geld: Genau 90 Dollar. Wird das reichen? Du hast nämlich selbst kein Geld dabei, falls das nicht hinkommt. Auch reicht die Zeit nicht, mehr Bargeld zu besorgen.

Bei Da Noi stehst du auf Zehenspitzen und schaust über die Köpfe der Kunden vor dir. Du siehst: Jede Pizza wird in 12 Stücke geschnitten. Und die Kundin vor dir hat gerade 36 Dollar für 2 Pizza Margherita bezahlt.

Jetzt bist du an der Reihe. Hast du genug Geld dabei – und wirst du deinen Job morgen noch haben?

EUKLIDS RATSCHLAG

2 Dinge musst du herausfinden: wie viel jede Pizza kostet und aus wie vielen Stücken 1 Pizza besteht.

- **Der erste Teil ist ziemlich einfach: Schließlich weißt du ja, wie viel jemand für 2 Pizzas bezahlt hat.**
- **Der zweite Teil ist auch einfach: Du weißt, dass die Pizzas bei Da Noi jeweils in 12 Stücke geschnitten werden.**
- **Nun musst du alle einzelnen Stücke, die bestellt wurden, zusammenzählen, um herauszufinden, wie viele ganze Pizzas das ergibt.**
- **Zum Schluss addierst du diese „gestückelten“ Pizzas zu den ganzen Pizzas, die du kaufen sollst, dann weißt du, wie viele Pizzas du insgesamt bestellen musst.**

PLATZ ZUM RECHNEN

1 Pizza = 12 Stücke
2 Pizzas = 36 Dollar

12 · 4
48
+ 12
60 Stücke

60 : 12 = 5
OR

36 · 2
72
+ 18
90 Dollar

Lösung du behältst
deinen Job ✓

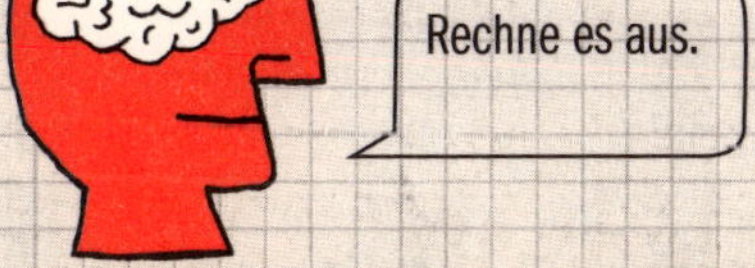
Rechne es aus.

DIE LÖSUNG

DEIN GELD WIRD GENAU REICHEN, DENN DU MUSST 5 PIZZAS BESTELLEN, UND DIE KOSTEN ZUSAMMEN 90 DOLLAR.

Löse das Problem Schritt für Schritt:

1. Finde als Erstes heraus, wie viele Pizzas du bestellen musst. Denk dran: Es sind 12 Stücke pro Pizza, du kannst also 1 Stück Pizza als Bruchzahl $\frac{1}{12}$ schreiben.

Aber zuerst die ganzen Pizzas:

Designabteilung	2 Pizzas
Redakteure	1 Pizza
Steve, der Fahrer	1 Pizza
Gesamt:	4 Pizzas

2. Nun liste die einzelnen Stücke auf (in Brüchen):

Scala-Zwillinge	2 Stücke ($\frac{2}{12}$)
Gino	6 Stücke ($\frac{6}{12}$)
Arturo	3 Stücke ($\frac{3}{12}$)
Corey DiFerro	1 Stück ($\frac{1}{12}$)

3. Zähle die Stücke zusammen:

$$\frac{2}{12} + \frac{6}{12} + \frac{3}{12} + \frac{1}{12} = \frac{12}{12} = 1$$

Gesamt: 1 Pizza

4. Das heißt also, dass du insgesamt 5 Pizzas bestellen musst.

$4 + 1 = 5$ Pizzas

5. Und jetzt finde heraus, ob dein Geld für 5 Pizzas reicht, wenn 2 Pizzas 36 Dollar kosten.

$36 \div 2 = 18$ Dollar pro Pizza

$18 \times 5 = 90$ Dollar

Das heißt, dass die 5 Pizzas exakt 90 Dollar kosten. Dein Geld reicht genau – nur für dich selbst kannst du leider nichts zu essen kaufen ...

MATHE-LABOR

Wenn du Pizza bestellst, kann es manchmal schwierig werden, zu entscheiden, welche Größe die richtige ist. Wie groß ist „groß“? Wie klein ist „klein“? Wie viele kleine Pizzas bräuchte man, um 1 große zu erhalten? Was lohnt sich mehr – 2 kleine oder 1 große Pizza? Wenn du den Durchmesser der Pizzas kennst, kannst du das mit ein bisschen Mathe selbst ausrechnen. Manchmal ist das Ergebnis überraschend!

In diesem Versuch wirst du sehen, dass die zusammengerechnete Fläche von 2 kleinen Kreisen (stell dir vor, es wären Pizzas) immer noch weniger beträgt als die Fläche einer großen Pizza – obwohl doch jede kleine Pizza breiter ist als die Hälfte der Breite einer großen Pizza! Die Fläche eines Kreises kannst du ausrechnen, indem du eine spezielle Zahl namens Pi (ungefähr 3,14) mit dem Quadrat des Radius' des Kreises multiplizierst. Das griechische Symbol für Pi (π) steht für eine spezielle Konstante, die bestimmte Bezüge in jedem Kreis repräsentiert.

DU BRAUCHST

- 3 BÖGEN TONPAPIER DIN A 4 (2 BLAUE, 1 ROTER)
- 1 ZIRKEL
- 1 SCHERE

DER VERSUCH

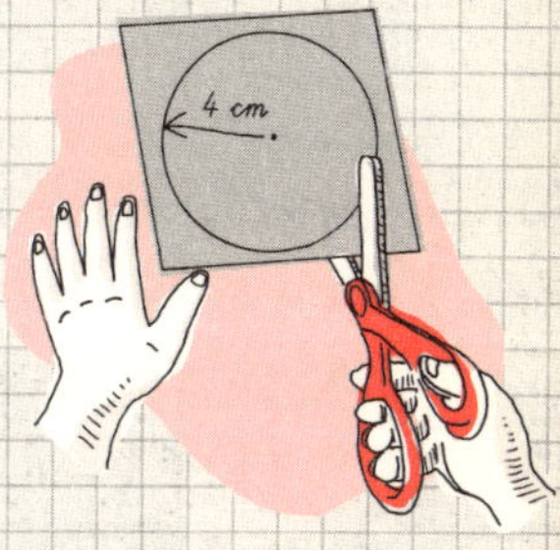

1. Lege 1 Bogen blaues Papier auf den Tisch und schlage mit dem Zirkel einen Kreis mit einem Radius von 4 cm.

2. Schneide diesen Kreis aus und lege ihn beiseite.

3. Mach das Gleiche noch einmal mit dem 2. blauen Papierbogen.

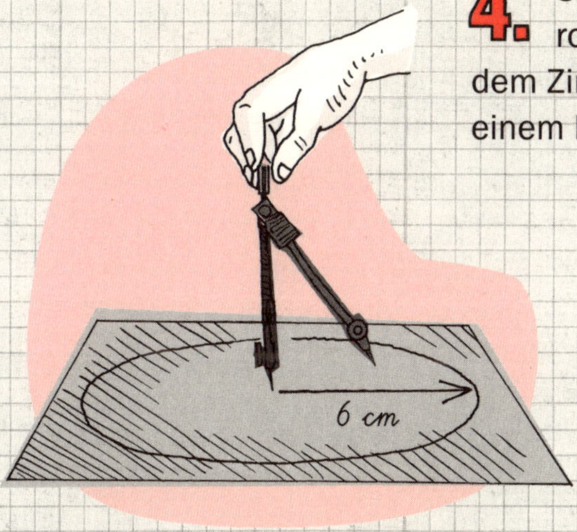

4. Schlage auf dem roten Papier mit dem Zirkel einen Kreis mit einem Radius von 6 cm.

5. Schneide auch diesen Kreis aus.

6. Versuche nun, beide blauen Kreise in dem größeren roten Kreis unterzubringen, ohne dass etwas Blaues überlappt. Das schaffst du, indem du von den blauen Kreisen kleine Stücke abschneidest und dort hinlegst, wo noch etwas Rot zu sehen ist.

7. Wenn du die blauen Kreise komplett zerschnitten und ohne Überlappungen in den roten Kreis gelegt hast, sollte man immer noch etwas Rot sehen. Das beweist, dass die Fläche des großen Kreises immer noch größer ist als die Flächen der beiden kleinen Kreise zusammengenommen.

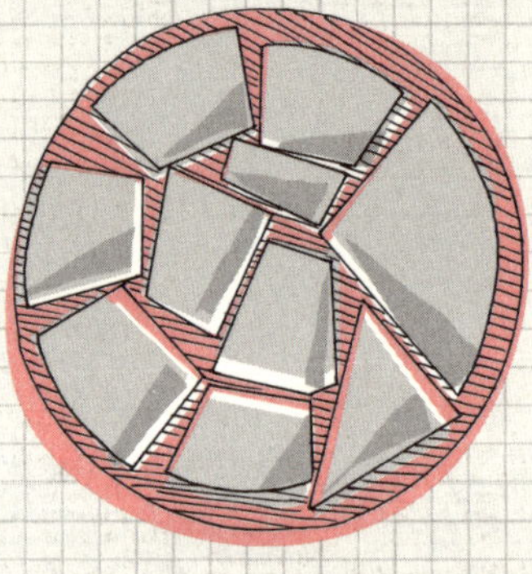

8. Du hättest dir natürlich eine Menge Ausmessen und Ausschneiden sparen können, wenn du mit Mathe gezeigt hättest, wie das Verhältnis der Kreisflächen zueinander ist. Verwende die folgende Gleichung, um die Fläche eines Kreises zu bestimmen:

Area (lateinisch für „Fläche") =
Pi × Radius zum Quadrat (oder $A = \pi r^2$)

... und du wirst sehen: Die Fläche des großen roten Kreises (der ja einen Radius von 6 cm hat) beträgt

$$\pi \times 6^2, \text{ also}$$
$$3{,}14 \times 36 = 113{,}04 \text{ Quadratzentimeter } (cm^2)$$

Die Fläche jedes kleinen blauen Kreises beträgt

$$\pi \times 4^2$$
$$3{,}14 \times 16 = 50{,}24 \text{ cm}^2$$

Dieser Wert ergibt verdoppelt (für die 2 blauen Kreise) 100,48 cm^2 – was immer noch kleiner als die Fläche des größeren roten Kreises ist.

MATHE-MAGIE

SCHLAG DEN TASCHENRECHNER

Hier kommt ein schneller Trick, mit dem du einen Freund (oder natürlich eine Freundin) verblüffen kannst. Sag ihm, dass ihr einen Wettkampf veranstaltet: er mit dem Taschenrechner gegen dich mit Kopfrechnen. Du hast bloß 1 Bleistift und 1 Blatt Papier, um dein Ergebnis aufzuschreiben. Hole nun einen Jahres-Wandkalender und schlage einen beliebigen Monat auf.

Bitte nun deinen Freund, einen quadratischen Kasten rund um 9 beliebige nebeneinanderliegende Daten im Kalender zu zeichnen. Sagen wir, er hat sich ausgesucht:

12	13	14
19	20	21
26	27	28

Bitte den Freund nun, auf seinem Taschenrechner diese 9 Zahlen zu addieren. In der Zwischenzeit schreibst du „180“ auf deinen Zettel und legst ihn umgedreht vor dich hin. Nach circa 1 Minute zeigt dir dein Freund sein Ergebnis (auch „180“). Und dann kannst du dein eigenes aufdecken.

Versucht es noch einmal mit anderen 9 Daten, und du wirst deinen Freund wieder schlagen. Und wieder. Warum? Weil du einfach das Datum in der Mitte (im oberen Beispiel die 20) mit 9 multipliziert hast, was immer klappt. Und wenn du beim Multiplizieren mit 9 noch eine Hilfe brauchst: Multipliziere mit 10 (hänge also bloß eine 0 an) und ziehe die Zahl dann ab. 20 x 9 ist also dasselbe wie 20 x 10 (200) minus 20 ... nämlich 180!

003
022
X450
Y789
42
ZONE
B

03

ÜBERLEBENSCHANCE: DU KÖNNTEST ES SCHAFFEN

ÜBERLEBENSSTRATEGIEN: ZEIT- UND GELDEINHEITEN

TOD DURCH: LASERSTRAHLEN

WEG MIT DER MILLION!

DAS PROBLEM

„Sie befinden sich nun in Zone B, deren Betreten nur Mitarbeitern mit offizieller Plakette gestattet ist. Negative Plakettenerkennung. Isolationsstrahl ist nun aktiviert."

Was passiert hier?! Du bist mit deiner Freundin Jasmin auf dem Mountainbike herumgefahren und dachtest, du hättest eine schlaue Abkürzung durch dieses Industriegebiet gefunden. Da taucht plötzlich das Hologramm eines Roboters vor dir auf, und du bist zwischen Laserstrahlen gefangen.

„Sehr witzig, Jasmin“, brüllst du. „Nimm den Laserpointer da weg!“

„Negative Plakettenerkennung. Isolationsstrahl ist nun aktiviert. Ihr Passwort, bitte.“

„Ich bin Andy Turner. Entschuldigung, aber ich weiß leider gar nichts über Erkennung oder Passwörter.“

„‚Ich bin Andy Turner‘ nicht erkannt. Überlegungsmodus. Andy Turner – stimmen Sie dem Lösen einer Aufgabe zu, um Ihre Freilassung zu generieren?“

„Ja! Jeder Aufgabe!“

„Gut. Hier die Aufgabe: Sie haben 1 Million Euro. Jede Sekunde geben Sie 50 Cent aus. Wie viele Tage dauert es, bis Sie kein Geld mehr haben? Runden Sie zur nächsten ganzen Zahl auf oder ab. Sie haben für die Antwort 2 Minuten. Diese beginnen ... jetzt!“

Beim Wort „jetzt“ wird eine leere Getränkedose angestrahlt ... und verschwindet. Der Druck auf dich steigt.

Wie lange dauert es, bis du € 1.000.000 ausgegeben hast, wenn du jede Sekunde 50 Cent ausgibst und das Endergebnis zur nächsten ganzen Zahl auf- oder abrundest?

EUKLIDS RATSCHLAG

Es geht hier um Zeiteinheiten, von der Sekunde bis zum Tag. In diese Richtung sollte dein Lösungsweg gehen.

Notiere alles, was du weißt:

- **Pro Sekunde verlierst du 50 Cent.**
- **Davon ausgehend kannst du den Betrag ausrechnen, den du in 1 Minute, in 1 Stunde und an 1 Tag verlierst.**
- **Denk dran, das Endergebnis zur nächsten ganzen Zahl auf- oder abzurunden.**

PLATZ ZUM RECHNEN

0,50c = 1 Sekunde
1,00€ = 2 Sekunden
30,00€ 1 Minute
1800,00€ = 1 Stunde
43200,00€ 1 Tag

1800 · 24
3600
7200
43200

1000000 : 43200 = 23
2360
2000 R

30 · 60
180
000
1800

1800 · 24
3600
7200
43200

1.000.000 : 43200 = 23,148

DIE LÖSUNG

DU BRAUCHST 23 TAGE, UM AUF DIESE WEISE € 1.000.000 LOSZUWERDEN.

Löse das Problem Schritt für Schritt:

1. Du weißt, dass du 50 Cent pro Sekunde ausgeben sollst. Finde zuerst heraus, wie viel du in 1 Minute ausgibst. Multipliziere dazu € 0,50 mit 60 Sekunden.

€ 0,50 × 60 = € 30

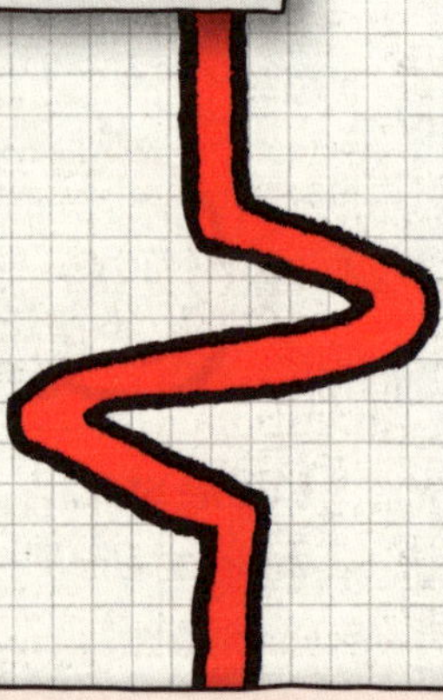

2. Als Nächstes finde heraus, wie viel du in der Stunde ausgeben würdest. Multipliziere dazu € 30 mit 60 Minuten.

€ 30 x 60 = € 1.800

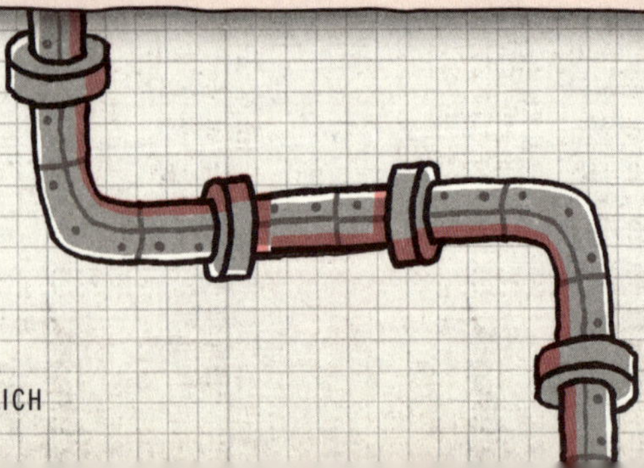

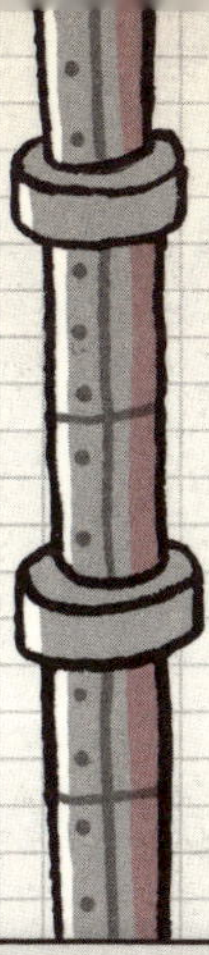

3. Rechne dann aus, wie viel du am Tag ausgeben würdest. Multipliziere dazu € 1.800 mit 24 Stunden.

$$€\ 1.800 \times 24 = €\ 43.200$$

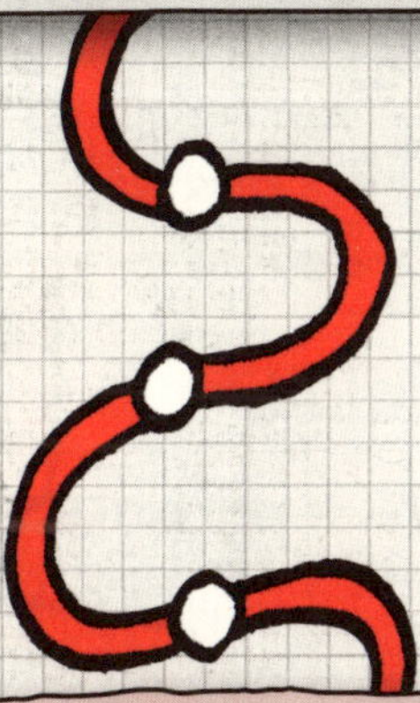

4. Jetzt, wo du weißt, dass du am Tag € 43.200 ausgibst, kannst du herausfinden, wie viele Tage du brauchst, um € 1.000.000 auszugeben. Teile dazu € 1.000.000 durch € 43.200.

$$€\ 1.000.000 \div €\ 43.200 = 23{,}\overline{148}$$

Das bedeutet: Du würdest etwas mehr als 23 Tage brauchen, um das ganze Geld auszugeben. Da der Roboter dich gebeten hat, zur nächsten ganzen Zahl auf- oder abzurunden, lautet deine Antwort: 23 Tage!

MATHE-LABOR

So kannst du mit deinen Freunden € 1.000.000 ausgeben – oder sogar € 1.000.000.000 – und zwar in eurer eigenen Küche! Zumindest tut ihr so – statt Euros nehmt ihr Schokolinsen, Gummibärchen, Cornflakes, Murmeln oder irgendetwas, das euer Geld darstellt. Die Hauptaufgabe ist es, zu überlegen, wie viele Euros jedes einzelne kleine Teil wert sein soll und wie schnell ihr die „Euros“ von einer Seite des Zimmers zur anderen transportieren könnt.

Dieses Spiel funktioniert am besten in einem großen Zimmer – oder sogar draußen.

DU BRAUCHST

- 1 GROSSE SCHÜSSEL
- GENUG SCHOKOLINSEN, GUMMIBÄRCHEN, CORNFLAKES ETC., UM DIE SCHÜSSEL ZUR HÄLFTE ZU FÜLLEN
- 3 PLASTIKBECHER
- FREUNDE (MINDESTENS 1 WEITERE PERSON)
- UHR ODER STOPPUHR

DER VERSUCH

1. Fülle die Schüssel zur Hälfte mit Schokolinsen oder Ähnlichem.

2. Stelle die Schüssel am Rande des Zimmers auf den Boden.

3. Stelle die 3 leeren Becher nebeneinander auf der gegenüberliegenden Seite des Zimmers auf den Boden (mindestens 15 Schritte von der Schüssel entfernt).

4. Eine(r) von euch misst die Zeit: Er oder sie muss 3-mal 1 Minute stoppen.

5. Die 1. Person stellt sich nun zu den leeren Bechern. Beim Startsignal geht er oder sie nun zur Schüssel, nimmt eine Schokolinse heraus, geht in gleichmäßigem Tempo zu den Bechern und legt die Linse in einen hinein.

6. Die Person nimmt so lange Schokolinsen aus der Schüssel und legt sie in denselben Becher, bis der Zeitnehmer nach 1 Minute „Stopp!“ ruft.

7. Der Spieler wiederholt die Schritte 5 und 6 noch 2-mal, dabei füllt er den 2. und dann den 3. Becher.

8. Findet anhand der 3 Becher die Anzahl der Schokolinsen heraus, die sich durchschnittlich

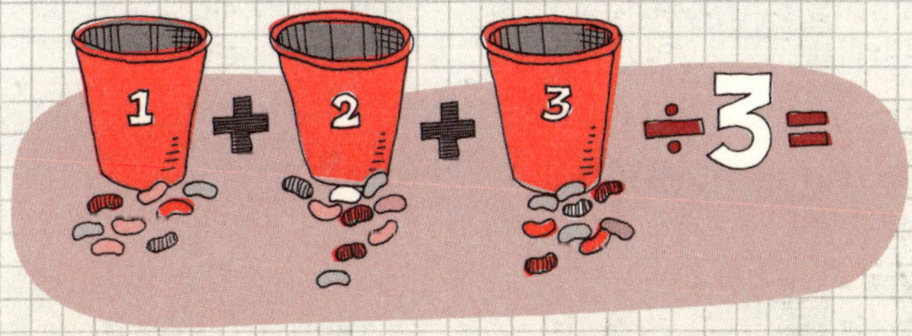

in einem Becher befindet. Das ist gleichzeitig die durchschnittliche Anzahl der Schokolinsen, die in 1 Minute gesammelt wurden.

9. Wiederholt die Schritte 5 bis 8 für jeden Mitspieler.

10. Jetzt stellt euch vor, jede Schokolinse wäre € 10 wert. Wenn jeder Mitspieler so lange 10-Euro-Schokolinsen sammeln könnte, wie er oder sie wollte: Wie lange würde es dann bei jedem Mitspieler dauern, bis er oder sie € 1.000.000 verdient hätte?

11. Könnt ihr ausrechnen, wie lange es dauern würde, Milliardär zu werden?

DIE LÖSUNG: UM DIE DURCHSCHNITTLICHE ANZAHL DER SCHOKOLINSEN IN 1 BECHER HERAUSZUFINDEN, ZÄHLT IHR DIE SCHOKOLINSEN IN JEDEM BECHER, ADDIERT DIESE ZAHLEN UND DIVIDIERT DAS GANZE DURCH 3. DAS ERGEBNIS IST DIE DURCHSCHNITTLICHE ZAHL DER SCHOKOLINSEN PRO BECHER (UND PRO MINUTE). UM HERAUSZUFINDEN, WIE LANGE JEDER MITSPIELER BRAUCHEN WÜRDE, UM € 1.000.000 ODER € 1.000.000.000 ZU VERDIENEN, VERWENDET IHR DIE LÖSUNGSSCHRITTE AUS DER AUFGABE „WEG MIT DER MILLION!“ AUF DEN SEITEN 24/25.

MATHE-MAGIE

DER ELFERTRICK

Jeder kennt die einfache Regel, wenn eine Zahl mit 10 multipliziert wird: einfach eine 0 hinten anhängen! So sind 34 x 10 = 340 und 46 x 10 = 460. Aber wusstest du, dass du auch eine Regel erstellen kannst, wie man jede zweistellige Zahl, zum Beispiel 34, mit 11 multipliziert?

So geht es: Anstatt etwas hinten an die zweistellige Zahl anzuhängen (wie eine 0), fügst du in der Mitte etwas ein. Stell dir vor, du ziehst die zwei Einzelziffern der ursprünglichen Zahl auseinander, sodass in der Mitte eine Lücke entsteht: Aus 34 wird 3_4.

Dann addierst du beide Einzelziffern dieser Zahl und schreibst das Ergebnis in die Lücke, die du gerade hergestellt hast: 3 + 4 = 7. Schreibe die 7 in die Lücke, und du bekommst 374. Und das ist exakt das, was bei 34 x 11 herauskommt!

Eins musst du allerdings wissen: Ergibt die Summe der zwei addierten Einzelziffern mehr als 9, schreibst du nur die zweite Ziffer in die Lücke und überträgst die Zehnerziffer mit auf die erste Ziffer.

Versuch's mal mit 46 x 11. Ziehe die beiden auseinander, um 4_6 zu erhalten. Dann addiere sie: 4 + 6 = 10.

Dann schreibe die zweite Ziffer (0) in die Lücke und übertrage die Zehnerziffer (1) auf die erste Ziffer. Das Ergebnis ist 506 – dasselbe wie 46 x 11!

Wenn du dir anschaust, wie die Multiplikation 46 x 11 aussieht, kannst du sehen, warum dieser Trick funktioniert:

$$
\begin{array}{r}
\underline{46 \times 11} \\
46 \\
\underline{46} \\
506
\end{array}
$$

3L
5L

04

ÜBERLEBENSCHANCE: DU KÖNNTEST ES SCHAFFEN

ÜBERLEBENSSTRATEGIEN: ABSTRAKTES DENKEN; LOGIK

TOD DURCH: VERÄRGERTE ELTERN

LITER ODER LEBEN

DAS PROBLEM

„Also: Wir brauchen 3 Krötenaugen, 27 Haare eines Elefanten, 1 Gramm Drachenblut, 1 Prise Paprikapulver, 1 Tigerzahn, 13 vierblättrige Kleeblätter und *genau* 4 Liter Wasser. Bitte beeil dich, oder du wirst es bereuen!“

Diese Worte der Oberhexe klingen dir noch in den Ohren, als sie dich aus der Zauberschule losschickt, um die Zutaten für einen Unsichtbarkeitstrank zu sammeln.

Das solltest du jetzt besser nicht vermasseln! Die Oberhexe hat schon gedroht, dich von der Schule zu werfen, nachdem dein Schwebezauber schiefging – es hat ewig gedauert, die Möbel des Klassenraums wieder von der Decke herunterzubekommen ...

Zuerst kaufst du in den Zauberläden im Dorf alle Zutaten, dann gehst du für das Wasser am Brunnen vorbei. Oh nein! In deiner Eile hast du den 4-Liter-Eimer vergessen! Du musst aber genau 4 Liter abliefern, sonst funktioniert der Wundertrank nicht. Aber wenn du von der Schule fliegst, würden deine Eltern ausflippen! Also denk nach! Moment mal! Da hängen 2 Eimer am Brunnen. In einen passen genau 3 Liter, in den anderen genau 5 Liter. Außer den Markierungen „3 Liter“ und „5 Liter“ haben sie leider keine Messskala.

Kannst du dir clevere Schritte überlegen, die es dir erlauben, mit diesen beiden Eimern exakt 4 Liter Wasser zu schöpfen?

EUKLIDS RATSCHLAG

Bei diesem Problem musst du logisch denken, um exakt 4 Liter Wasser mitbringen zu können.

- **Du könntest versuchen, den kleineren Eimer (3 Liter) zu $\frac{2}{3}$ und den größeren (5 Liter) zu $\frac{2}{5}$ zu füllen, aber da die Eimer keine Markierungen haben, wirst du die Wasserportionen nicht genau abmessen können.**
- **Das Gleiche gilt für jede andere Kombination aus teilweise gefüllten Eimern – oder für den Versuch, den 5-Liter-Eimer zu $\frac{4}{5}$ zu füllen (4 Liter).**
- **Die Lösung wird damit zu tun haben, den größeren Eimer mit 4 Litern Wasser zu füllen.**
- **3 Liter kannst du ja genau abmessen. Die Frage ist also, wie du den noch fehlenden Liter akkurat abmessen kannst.**
- **Manchmal führt es zur Lösung, rückwärts zu denken: Auf welche Weise könnte es dir etwas bringen, Wasser auszuschütten?**

PLATZ ZUM RECHNEN

Lösung ✓

1.5l Eimer füllen. | 2.3l Eimer vollfüllen mit Wasser von 5l Eimer. | 3. 3l Eimer leeren. | 4. 2l von 5l Eimer in den 3l Eimer lleeren. | 5. 5l Eimer vollfüllen. | 6. 3l Eimer mit Wasser von 5l Eimer füllen. | 7. Im 5l Eimer sind jetzt 4l.

Aber andere Lösung

DIE LÖSUNG

DER GRÖSSERE EIMER KANN IN 2 SCHRITTEN GEFÜLLT WERDEN: ZUERST MIT 1 LITER, DANN MIT 3 LITERN WASSER.

Löse das Problem Schritt für Schritt:

1. Fülle zuerst den 3-Liter-Eimer bis zur Markierung.

2. Schütte dieses Wasser in den 5-Liter-Eimer um. Dieser enthält nun 3 Liter.

3. Fülle den 3-Liter-Eimer noch einmal bis zur Markierung.

4. Schütte nun so lange Wasser in den 5-Liter-Eimer um, bis dieser bis zur Markierung voll ist. Da du 2 Liter herausgeschüttet hast, ist im 3-Liter-Eimer nun noch 1 Liter – das ist der Schlüssel zur Lösung.

5. Schütte nun das Wasser aus dem 5-Liter-Eimer aus. Dieser ist dann leer.

6. Gieße den 1 Liter Wasser aus dem 3-Liter-Eimer in den 5-Liter-Eimer um.

7. Fülle den 3-Liter-Eimer noch einmal ganz auf und schütte das Wasser in den 5-Liter-Eimer um.

8. Nun hast du 3 Liter zu dem 1 Liter hinzugefügt ... und damit genau 4 Liter!

Du kannst durchatmen: Du wirst nicht von der Schule fliegen ... jedenfalls nicht heute!

MATHE-LABOR

Anhand des Literproblems konntest du einiges über Maßeinheiten lernen. Doch wie du sehen wirst, ist manchmal selbst in einem vollen Messbecher immer noch Platz. Wie kann das sein?

Es kommt immer darauf an, *was* du abmisst, wie dir das folgende einfache Experiment zeigt.

DU BRAUCHST

- 2 MESSBECHER (JE 1 LITER)
- WASSER
- CA. 2 LITER SAND ODER KIES
- 40 BIS 50 MURMELN
- 1 GROSSEN LÖFFEL

DER VERSUCH

1. Fülle einen Messbecher genau bis zur 1-Liter-Marke mit Wasser.

2. Fülle den anderen Messbecher genau bis zur 1-Liter-Marke mit Sand oder Kies.

3. Du solltest nun einen vollen Messbecher mit Wasser und einen ebenso vollen Messbecher mit Sand oder Kies haben.

4. Gieße nun ein wenig von dem Wasser in den Becher mit Sand oder Kies.

5. Gieße langsam weiter Wasser in den Sand-Messbecher, bis du das Wasser an der 1-Liter-Marke sehen kannst.

6. Überprüfe die Menge des im Wasser-Messbecher verbliebenen Wassers. Warum, glaubst du, konntest du in den anderen Becher noch so viel Wasser hineingießen?

7. Leere die Becher nun und spüle sie aus. Wiederhole den Versuch, aber nimm anstelle von Sand oder Kies Murmeln. Kannst du dieses Mal genauso viel Wasser in den Becher gießen? Warum oder warum nicht?

8. Leere die Becher aus und führe den Versuch umgekehrt durch: Löffle Sand oder Kies (oder Murmeln) in den vollen Wasserbecher. Was passiert? Kannst du den Unterschied beider Experimente erklären?

DIE LÖSUNG: ES KOMMT ALLES AUF DAS MATERIAL AN: EINE FLÜSSIGKEIT WIE WASSER FÜLLT SOFORT DEN GANZEN RAUM IN EINEM MESSBECHER AUS. FESTE STOFFE WIE SAND ODER MURMELN HABEN DAGEGEN NOCH LÜCKEN ZWISCHEN DEN EINZELNEN TEILEN, SODASS DER 1-LITER-MESSBECHER EIGENTLICH NICHT MIT 1 LITER GEFÜLLT IST. ERST DAS WASSER, DAS DU IN EINEN BECHER VOLLER SAND ODER MURMELN SCHÜTTEST, FÜLLT DIESE LÜCKEN AUS, SODASS SCHEINBAR MEHR ALS 1 LITER IN DEN 1-LITER-MESSBECHER PASST.

05

ÜBERLEBENSCHANCE: GERINGE BIS KEINE CHANCE

ÜBERLEBENSSTRATEGIEN: PROPORTIONEN; GEOMETRIE

TOD DURCH: FEINDLICHE RITTER

DIE WEISE FRAU IM TURM

DAS PROBLEM

Du bist auf dem Weg, die weiseste Gelehrte des Königs zu retten. Es heißt, sie könne im Kopf blitzschnell Kalkulationen anstellen, ohne auch nur eine Zahl aufschreiben zu müssen. Eine so schlaue Frau ist natürlich für Könige und Kaiser sehr nützlich, und daher verwundert es nicht, dass sie vom feindlichen König gefangen genommen wurde.

DIE SMOOTS-BRÜCKE

An einem Winterabend im Jahr 1958 erfanden ein paar Studenten am Massachusetts Institute of Technology (MIT) eine neue Maßeinheit: Um die Länge einer Brücke über den Charles River in Boston zu messen, nahmen sie einen Erstsemesterstudenten namens Oliver Smoot, und zwar buchstäblich! Sie trugen ihn über die Brücke und maßen, aus wie vielen seiner Körperlängen die Brücke bestand. Das neue Maß nannten sie „smoot" – zu Ehren des Erstsemesters, aber auch, weil der Name „irgendwie wissenschaftlich klang, so wie ‚Watt'".

Noch immer halten Studenten des MIT die 10-smoot-Markierungen auf der Brücke instand. Am Ende steht ein Schild: „364,4 smoots und 1 Ohr".

Als du dich dem Turm näherst, in dem die Gelehrte gefangen ist, merkst du, dass du von feindlichen Rittern verfolgt wirst. Es ist ein heller, sonniger Tag, das Gelände vor dir ist eben und leicht zu durchwandern, und du hast freie Sicht bis zur Turmspitze.

Aber es gibt keine Leiter! Die Ritter kommen immer näher, und du willst schon aufgeben ... doch halt! Aus den Laken, die du in deiner Tasche hast, kannst du ein Seil knoten und das eine Ende mit deinem Bogen auf den Turm schießen, sodass die weise Frau daran herunterklettern kann. Doch wie lang muss das Seil sein? Du hast keine Zeit, es mehrmals zu versuchen.

Was weißt du? Du bist genauso groß wie dein 1,50 m langer Bogen, und dein Schatten auf dem Boden ist so lang wie 2,5 Bögen. Du hast eine Idee und misst die Länge des Turmschattens: 20 Bögen. Ja, nun hast du genügend Informationen, um die Höhe des Turms herauszufinden!

Wie hoch ist der Turm? Wie lang solltest du also dein Lakenseil machen, um die weiseste Gelehrte des Königs zu retten?

SCHATTEN UND VERHÄLTNISSE

Ein sonniger Tag, eine beliebige glatte Oberfläche und ein Objekt, das einen Schatten wirft, sind die Hauptzutaten, wenn man Dreiecke dazu benutzt, um in der „realen Welt“ Maße und Verhältnisse auszurechnen. Die Höhe des Objekts bildet die eine Seite des Dreiecks, sein Schatten die zweite, und der Winkel, in dem ein Sonnenstrahl auf den Boden trifft, die dritte. Wenn der Untergrund wirklich eben ist, handelt es sich bei dem Dreieck um ein rechtwinkliges. Und die Strahlen der Sonne führen parallel zueinander zum Boden. Wenn du also die Höhe eines Objekts kennst und seinen Schatten messen kannst, kannst du die Höhe eines zweiten benachbarten Objekts mit messbarem Schatten herausfinden. Warum? Wegen der genannten Bedingungen ergibt beides ähnliche Dreiecke, das heißt, die Seiten stehen in einem bestimmten Verhältnis zueinander. Du kannst also proportionale Gleichungen mit Brüchen aufstellen und das Ganze zur fehlenden Dreiecksseite auflösen.

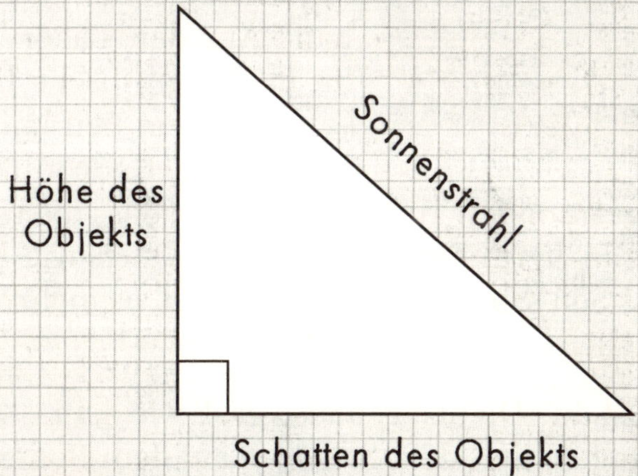

EUKLIDS RATSCHLAG

Notiere alles, was du weißt:

- **Es ist ein sonniger Tag, also kannst du deinen Schatten sehen. Das heißt auch, dass alles um dich herum ebenfalls Schatten wirft.**
- **Mit deinem 1,50 m langen Bogen hast du deine Größe gemessen (1 Bogen), deinen Schatten (2,5 Bögen) und den Schatten des Turmes (20 Bögen).**
- **Mit diesen Informationen kannst du 2 ähnliche Dreiecke zeichnen und eine Proportionsgleichung erstellen, die du zur fehlenden Seite hin auflösen kannst.**

PLATZ ZUM RECHNEN

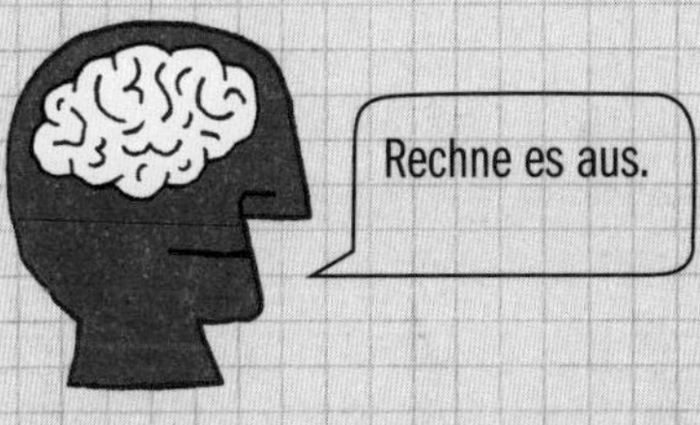
Rechne es aus.

DIE LÖSUNG

DER TURM IST 12 METER (8 BÖGEN) HOCH, DEIN SEIL MUSS ALSO 12 METER LANG SEIN.

Löse das Problem Schritt für Schritt:

1. Mit den bekannten Informationen kannst du eine proportionale Gleichung mit 2 ähnlichen Dreiecken aufstellen und sie zur Höhe des Turms hin auflösen.

Dreieck 1 besteht aus dir selbst (1 Bogen groß = 1 x 1,50 = 1,50 m groß), deinem Schatten (2,5 Bögen lang = 2,5 x 1,50 = 3,75 m lang) und einem Sonnenstrahl (die Länge dieser Seite brauchst du nicht zu wissen, denn sie ist parallel zur entsprechenden Seite des zweiten Dreiecks).

Dreieck 2 besteht aus dem Turm mit unbekannter Höhe (benennen wir ihn mit der Variablen *h*), dem Schatten des Turms (20 x 1,50 = 30 m lang) und einem Sonnenstrahl (dessen Länge du auch hier nicht zu wissen brauchst).

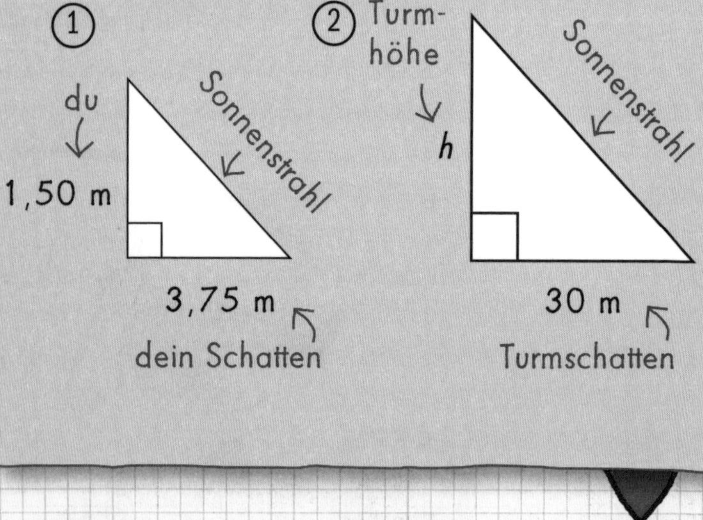

2. Erstelle aus diesen Zahlen eine proportionale Gleichung und multipliziere Zähler und Nenner „über Kreuz“ (bilde also den Kehrwert), um sie nach *h* aufzulösen:

$$\frac{1{,}5}{3{,}75} = \frac{h}{30}$$

$$45 = 3{,}75 \times h$$

$$h = 45 \div 3{,}75$$

$$h = 12 \text{ m}$$

Das heißt, dass der Turm 12 m hoch ist (oder 12 : 1,50 = 8 Bögen). Deine schnelle Rechnung hat die weise Frau gerettet!

MATHE-LABOR

Das Konzept der ähnlichen Dreiecke kannst du auch verwenden, um die Höhe eines Baumes, eines Laternenpfahls oder Fahnenmasts zu messen. Probiere es in einem ebenen Teil eines Parks, auf einem Bürgersteig oder auf dem Schulhof aus – an einem sonnigen Tag, an dem es Schatten gibt. Einige der Rechnungen gehen leichter, wenn du am späten Vormittag oder frühen Nachmittag misst, weil die Schatten dann kürzer sind.

DU BRAUCHST

- 1 BAUM (ODER LATERNENPFAHL ODER FAHNENMAST) MIT VIEL FREIEM RAUM DANEBEN
- 1 FREUND/IN, UM DIR BEIM MESSEN ZU HELFEN
- 1 MASSBAND ODER ZOLLSTOCK

DER VERSUCH

1. Finde einen Baum, einen Laternenpfahl oder einen Fahnenmast, dessen Schatten ganz auf ebenen Boden fällt (achte darauf, dass keine Sitzbänke oder picknickenden Menschen im Weg sind ...)

2. Stell dich neben den Baum und bitte deinen Freund, die Länge deines Schattens und deine Größe zu messen. Schreibt beides in Zentimetern auf. Die beiden Zahlen sind zwei Seiten (Höhe und Länge) des ersten Dreiecks.

3. Nun messt ihr die Länge des Baumschattens (in Metern). Dies ist eine Seite (die Länge) des zweiten Dreiecks. Vergebt eine Variable für die Höhe des Baumes (zum Beispiel *h*).

4. Erstellt eine Gleichung mit diesen Zahlen und verwendet wieder die Multiplikation mit dem Kehrwert, um nach *h* aufzulösen. Die Lösung ist die Höhe des Objekts in Metern.

$$\frac{\text{deine Größe}}{\text{Länge deines Schattens}} = \frac{h}{\text{Länge des Baumschattens}}$$

?
?
100
90
80
70
60
50
40
30
20
10
NICHT ÖFFNEN

06

ÜBERLEBENSCHANCE: GERINGE BIS KEINE CHANCE

ÜBERLEBENSSTRATEGIEN: PROPORTIONEN

TOD DURCH: SPINNENBISS

DIE „LÖSUNGS"-LÖSUNG

DAS PROBLEM

Du assistierst Dr. Grog, einem weltberühmten Wissenschaftler, bei seiner Mission, in den Bergen Costa Ricas neue Insekten- und Spinnenarten zu identifizieren. Ihr beide seid seit vier Tagen im Dschungel, wo ihr Notizen und Fotos macht, Insekten fangt und ihre Lebensräume auskundschaftet.

MISCHZYLINDER

Ein Mischzylinder ist ein hohes röhrenförmiges Gefäß, mit dem man im Labor Flüssigkeiten akkurat abmessen und auch mischen kann. Meistens ist er aus einem durchsichtigen, widerstandsfähigen Material wie Kunststoff oder bruchsicherem Glas. Auf der Seite ist eine Messskala. Wird der Zylinder mit einem Stopfen verschlossen, kann man durch Schütteln die Flüssigkeiten mischen.

Deine Aufgabe ist es, Wasser aus dem Inneren von Blüten zu sammeln. Diese Wasserproben sollen später unter dem Mikroskop studiert werden, um die winzigen Lebewesen zu identifizieren, die von Insekten gefressen werden. Ein kniffliges Unterfangen: Du musst das Wasser mit kleinen Pipetten einsaugen, dann auf Löffel träufeln, die je 10 ml fassen, bis sie voll sind (10 Pipetten-Tropfen) und diese wiederum in 100-ml-Mischzylinder ausleeren.

Gerade als es ein bisschen langweilig wird, passiert ein Notfall: Dr. Grog wurde von einer Brasilianischen Wanderspinne gebissen, der tödlichsten Spinne der Welt. Schon von einem einzigen Biss kann man sterben – es sei denn, man erhält sofort ein Gegengift. Das Problem ist bloß, dass die einzige Person, die weiß, wie das Serum verabreicht wird, bewusstlos ist!

Jetzt musst du schnell handeln. Das Gegengift ist in der Erste-Hilfe-Box. Laut Anleitung musst du innerhalb von 7 Minuten 3 Tropfen des Serums auf Dr. Grogs Zunge träufeln, allerdings in einer Serum-Wasser-Konzentration von 1 Teil zu 1 Million. Ist das Serum stärker, wird es ihn umbringen. Ist es schwächer, stirbt er am Spinnengift.

Wie schaffst du es, das hochkonzentrierte Serum auf 1 Teil pro Million zu verdünnen?

VERHÄLTNISSE

Ein Verhältnis ist einfach ein Vergleich zweier verschiedener Dinge in Bezug zueinander. Hast du also 2 Marienkäfer und 5 Blumen, ist das Verhältnis von Marienkäfern zu Blumen 2 zu 5 (oder anders geschrieben 2 : 5 oder $\frac{2}{5}$). Und wie ist es bei Lösungen wie dem Gegengift in unserem Problem? Genauso! Wenn du 1 ml Saft in 100 ml Wasser gießt, ist das Verhältnis von Saft zu Wasser 1 zu 100 (oder 1 Teil pro 100 oder 1 % oder 1 : 100 oder $\frac{1}{100}$).

EUKLIDS RATSCHLAG

Notiere alles, was du weißt:

- **Du startest mit einem Serum, das 1 Million Mal zu stark ist. Mit anderen Worten: Es muss verdünnt werden, damit es 1 Million Mal schwächer wird. Zum Glück hast du einige Gerätschaften, die dir dabei helfen: Pipetten, 10-ml-Löffel und 1 100-ml-Mischzylinder. Wie können sie dir nützlich sein?**
- **Du weißt, wie viele Tropfen den 10-ml-Löffel ganz füllen: 10. Das heißt: 1 Tropfen ist 1 ml.**
- **In den Mischzylinder gehen 100 ml hinein. Wenn du also 1 Tropfen Serum in einen mit Wasser ganz gefüllten Zylinder hineingeben würdest, hättest du das Serum 100 Mal schwächer gemacht. Mit anderen Worten: Es wäre dann 1 Teil pro 100.**

Wie kannst du mit diesen Informationen weiterkommen?

PLATZ ZUM RECHNEN

Rechne es aus.

DIE LÖSUNG

DU ERHÄLTST EINE FLÜSSIGKEIT, DIE 1 MILLION MAL SCHWÄCHER IST, DURCH MEHRMALIGE VERWENDUNG VON PIPETTEN, SERUM, MISCHZYLINDER UND WASSER.

Löse das Problem Schritt für Schritt:

1. Fülle den Mischzylinder mit 100 ml Wasser.

2. Träufle mit einer Pipette 1 Tropfen des Gegengifts in den Zylinder. Da du weißt, dass 1 Tropfen das Gleiche ist wie 1 ml Lösung, hast du nun eine Lösung von 1 : 100. Träufle den Rest des Serums in der Pipette wieder zurück in die Flasche.

3. Verwende eine frische Pipette, um etwas von der neuen 1 : 100-Lösung aufzunehmen. Schütte dann den Rest der Lösung aus dem Mischzylinder weg. Spüle den Zylinder gut aus und fülle ihn wieder mit 100 ml Wasser.

4. Träufle nun 1 Tropfen der 1 : 100-Lösung aus deiner Pipette in den Zylinder. Darin befindet sich nun eine Lösung, die 1 Teil pro 10.000 beträgt oder 1 : 10.000. Warum? Um die neue Stärke der Lösung zu errechnen, multiplizierst du die Stärke der Lösung in der Pipette ($\frac{1}{100}$) mit der neuen Stärke der Lösung im Mischzylinder (ebenfalls $\frac{1}{100}$).

$$\frac{1}{100} \times \frac{1}{100} = \frac{1}{10.000}$$

5. Verwende eine weitere Pipette, um ein wenig der 1 : 10.000-Lösung aufzunehmen. Schütte dann den Rest der Lösung wieder aus dem Zylinder aus. Spüle ihn gut aus und fülle ihn erneut mit 100 ml Wasser.

6. Träufle 1 Tropfen der 1 : 10.000-Lösung in den Zylinder. Nun ist die Lösung ... was?

$$\frac{1}{100} \times \frac{1}{10.000} = \frac{1}{1.000.000}$$

Die Lösung ist 1.000.000.

Hurra, du hast Dr. Grog gerettet!

MATHE-LABOR

Für das Problem, das du gerade gelöst hast (und das folgende Experiment), braucht man ein bisschen Mathematik, um ohne viel Zeitaufwand und Kopfzerbrechen die gewünschte Konzentration von 1:1.000.000 zu erreichen. Du hättest auch 1 Teelöffel Serum in ein Fass geben können und dann 1 Million Teelöffel Wasser hinzugeben, um dieselbe Konzentration zu erhalten. Das ist natürlich auch eine Strategie, aber sie dauert sehr lange, außerdem bräuchte man eine Menge Wasser und einen sehr großen Behälter. Da ist es doch besser, du machst es in mehreren Schritten.

Wenn sich eine Flüssigkeit ganz mit einer anderen Flüssigkeit vermischt (wie Saft mit Wasser), nennt man sie gelöst. Wissenschaftler beschreiben mit Zahlen die Stärke einer solchen Lösung. Ein Hai kann in einer Lösung von 1:1.000.000 (1 ppm – Abkürzung für das englische „1 part per million") Blut aufspüren – das wäre also 1 Tropfen Blut in 1 Million Tropfen Wasser. So eine 1-ppm-Lösung kannst du mit einem einfachen Versuch herstellen.

DU BRAUCHST

- ROTEN SAFT (Z. B. TRAUBEN-, JOHANNISBEER- ODER TOMATENSAFT)
- 1 TRINKGLAS
- 3 DURCHSICHTIGE MESSBECHER MIT JEWEILS 500 ML FASSUNGSVERMÖGEN
- WASSER
- 1 TEELÖFFEL

DER VERSUCH

1. Gieße dir ein Glas Saft ein und nimm ein paar Schlucke, um dich daran zu erinnern, wie intensiv er schmeckt.

2. Fülle nun die 3 Messbecher mit jeweils 500 ml Wasser.

3. Miss 1 Teelöffel Saft ab, gib ihn in den ersten wassergefüllten Messbecher und rühre um.

4. Nun nimm 1 Teelöffel Flüssigkeit aus dem ersten Messbecher, gib ihn in den zweiten Messbecher und rühre wieder um.

5. Nimm auch aus dem zweiten Messbecher 1 Teelöffel Flüssigkeit und gib ihn in den dritten Messbecher.

6. Rühre den dritten Messbecher um und probiere einen Löffel voll. Nimm dann noch einmal einen Schluck aus dem Glas mit Saft und vergleiche.

7. Wie schmeckt es jetzt? Stell dir vor: Der dritte Messbecher hat die gleiche Konzentration an Saft (1 ppm), die einen Hai auf Blut im Ozean aufmerksam macht!

AUTO-
MAT
AUSSER
BETRIEB
NUR
BARGELD
BENZIN
SCHOOL
SCHOOL BUS

07

ÜBERLEBENSCHANCE: GERINGE BIS KEINE CHANCE

ÜBERLEBENSSTRATEGIEN: VERHÄLTNISSE; MASSEINHEITEN

TOD DURCH: SENGENDE SONNE

WÜSTE OHNE WIEDERKEHR

DAS PROBLEM

Du bist auf Klassenfahrt in Amerika, in einem alten Schulbus. Der Bus fährt gerade von Los Angeles nach Arizona, mitten durch die Mojawewüste, eine der heißesten und trockensten Gegenden der Erde. Überall, wo du hinschaust, siehst du nichts als Sand, Kakteen und manchmal einen Präriehasen, der über den Highway hüpft. Die Straße ist ansonsten leer.

Nach etwa einer Stunde Fahrt seht ihr an einer Tankstelle ein Schild: LETZTE TANKSTELLE FÜR 200 MEILEN. Der Busfahrer hält an und schaut besorgt. Warum? Weil es eine Automatentankstelle ohne Tankwart ist und weil auf einem Schild NUR BARGELD, KEINE KREDITKARTEN steht. Und weil am Geldautomaten ein weiteres Schild hängt: AUSSER BETRIEB.

Der Busfahrer hat nur \$ 2 in seiner Brieftasche. Ihr legt all euer Geld zusammen, aber insgesamt kommt ihr bloß auf \$ 23,10. Das Benzin kostet hier \$ 0,70 pro Liter. Laut Tankanzeige ist der Benzintank nur noch zu $\frac{1}{8}$ gefüllt. Der Fahrer erklärt euch, dass der Bus mit 1 Liter Benzin 4,25 Meilen fahren kann und genau 120 Liter in den Tank hineinpassen.

Wenn ihr nun die \$ 23,10 für Benzin ausgebt: Wird das reichen, um euch zur nächsten Tankstelle zu bringen? Oder wird euer Bus ohne Benzin liegen bleiben und in der sengenden Wüstensonne schmoren? Wie viele Meilen könnt ihr mit eurem Benzin noch fahren? (Lass dich nicht durch die „Meilen" irritieren, das ist einfach nur eine andere Einheit als „Kilometer").

EUKLIDS RATSCHLAG

Notiere alles, was du weißt:

- **Der Tank des Busses ist noch zu $\frac{1}{8}$ gefüllt; ein voller Tank sind 120 Liter Benzin.**
- **Ihr habt insgesamt \$ 23,10.**
- **1 Liter Benzin kostet \$ 0,70.**
- **Mit 1 Liter Benzin fährt der Bus 4,25 Meilen weit.**
- **Es sind noch 200 Meilen bis zur nächsten Tankstelle.**

PLATZ ZUM RECHNEN

DIE LÖSUNG

JA, IHR SCHAFFT ES! MIT DEM BENZIN, DAS NOCH IM TANK WAR, UND DEM, DAS IHR NEU GETANKT HABT (ZUSAMMEN 48 LITER), KÖNNT IHR NOCH GENAU 204 MEILEN WEIT FAHREN.

Löse das Problem Schritt für Schritt:

1. Zuerst musst du herausfinden, wie viele Liter Benzin noch im Tank sind. Er ist noch zu $\frac{1}{8}$ gefüllt. Am besten machst du aus $\frac{1}{8}$ erst einmal eine Dezimalzahl, um sie den anderen Zahlen anzugleichen:

$$\frac{1}{8} = 1 \div 8 = 0{,}125$$

Wenn ein voller Tank 120 Liter sind und ihr davon einen Anteil von 0,125 übrig habt, musst du beides miteinander multiplizieren, um die Antwort zu finden:

$$120 \times 0{,}125 = 15 \text{ Liter}$$

Das bedeutet, dass im Tank des Busses nur noch 15 Liter Benzin sind.

2. Jetzt finde heraus, wie viele Liter Benzin ihr für \$ 23,10 bekommt. Teile dafür die Geldsumme (\$ 23,10) durch den Preis für 1 Liter Benzin (\$ 0,70).

$$23{,}10 \div 0{,}70 = 33 \text{ Liter}$$

3. Und nun rechne aus, wie viel Benzin ihr insgesamt haben werdet. Addiere dazu deine Ergebnisse aus den Schritten 1 und 2:

$$15 + 33 = 48 \text{ Liter}$$

4. Werden 48 Liter Benzin reichen, um euch zur nächsten, 200 Meilen entfernten Tankstelle zu bringen? Finde heraus, wie viele Meilen ihr fahren könnt, indem du die Menge an Benzin, die ihr habt (48 Liter), mit der Anzahl der Meilen, die ihr mit 1 Liter fahren könnt (4,25 Meilen), multiplizierst.

$$48 \times 4{,}25 = 204$$

Ihr schafft es und habt noch Reservebenzin für 4 Meilen!

MATHE-LABOR

Du kannst deine eigenen Benzin-Reichweite-Kalkulationen anstellen – dieses Mal ganz ungefährlich am Schreibtisch! Alles, was du tun musst, ist, den Benzinverbrauch eines beliebigen Autos herauszufinden (entweder vom Auto deiner Familie oder von einem, das du im Internet gefunden hast) sowie den momentanen Benzinpreis in deiner Gegend. Deine Rechnungen werden noch interessanter, wenn du eine Straßenkarte mit klar bezeichnetem Maßstab (wie viele km pro cm?) zur Hand hast.

DU BRAUCHST

- BENUTZERHANDBUCH EURES AUTOS ODER EINEN COMPUTER MIT INTERNETZUGANG, UM DEN BENZINVERBRAUCH EINES AUTOS HERAUSZUFINDEN
- 1 BLEISTIFT
- PAPIER
- 1 TASCHENRECHNER
- 1 STRASSENKARTE, AUF DER AUCH DEINE GEGEND ZU SEHEN IST

DER VERSUCH

1. Frage deine Eltern, wie viel sie im Moment pro Liter bezahlen, wenn sie Benzin tanken, oder notiere den Preis, wenn du an einer Tankstelle vorbeikommst, oder recherchiere ihn im Internet.

2. Finde im Benutzerhandbuch oder online heraus, wie viele Liter Benzin der Tank des Autos fasst und wie viele Kilometer es pro Liter fahren kann (auf der Autobahn).

3. Notiere diese beiden Zahlen.

4. Rechne mit dem Taschenrechner aus, wie viel es kosten würde, den Tank ganz zu füllen.

5. Rechne dann aus, wie weit dieser volle Tank dich bringen würde.

6. Suche dir auf der Straßenkarte ein Ziel, das etwa 250 km von deinem Zuhause entfernt liegt. Kannst du ausrechnen, wie viele Liter Benzin du brauchen würdest, um dorthin zu gelangen, und wie viel das kosten würde?

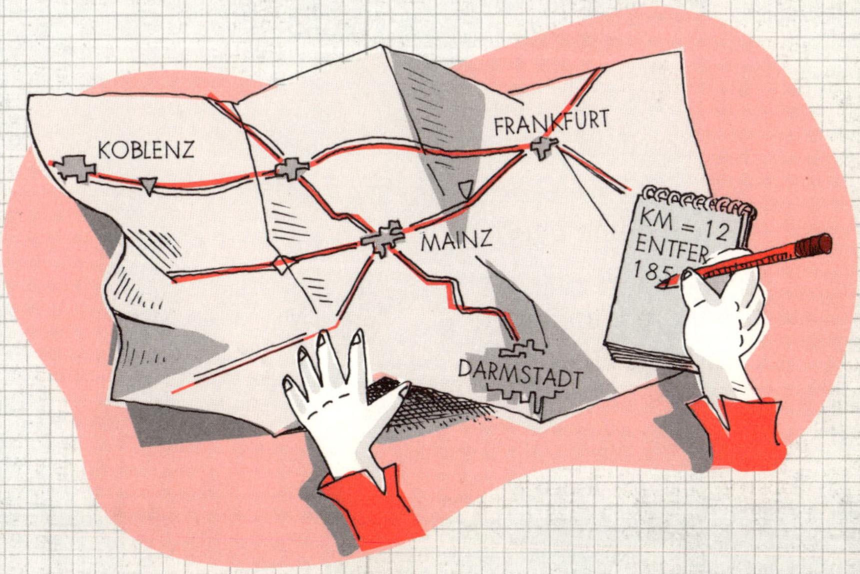

7. Bonusaufgabe: Finde ein Ferienziel, das du erreichen kannst, wenn du 100 Euro für Benzin einplanst (vergiss dabei nicht, dass du ja auch noch zurückfahren musst!).

DIE LÖSUNG: UM HERAUSZUFINDEN, WIE VIEL ES KOSTET, EINMAL VOLLZUTANKEN, MULTIPLIZIERE DIE LITER-KAPAZITÄT DES TANKS MIT DEM LITER-PREIS FÜR BENZIN. UM HERAUSZUFINDEN, WIE WEIT DICH EIN VOLLER TANK BRINGEN WÜRDE, MULTIPLIZIERE DIE KAPAZITÄT DES TANKS MIT DER ANZAHL VON KILOMETERN, DIE DAS AUTO PRO LITER BENZIN FAHREN KANN.

MATHE-MAGIE

DER VERSCHWUNDENE EURO

3 Freunde essen in einem Restaurant. Zusammen müssen sie 25 € bezahlen. Jeder gibt dem Kellner einen 10-Euro-Schein. Der Kellner ist allerdings nicht so gut in Mathe; er schafft es nicht, das Wechselgeld von 5 € durch 3 zu teilen. Also behält er einfach 2 € als Trinkgeld und gibt jedem der Freunde noch 1 € zurück.

Alle sind damit so weit zufrieden, bis einer der Freunde mal genauer darüber nachdenkt: Jeder der 3 hat 10 € bezahlt und 1 € zurückbekommen, hat also eigentlich 9 € bezahlt. Und weil sie ja zu dritt waren, war die Gesamtsumme 3 x 9 €, also 27 €, plus das Trinkgeld von 2 € für den Kellner. Macht zusammen 29 €.

Was ist mit dem fehlenden Euro passiert?

VERZWICKTE SPRACHE

Dieses Rätsel ist ein tolles Beispiel dafür, dass man beim Lesen unbedingt aufpassen sollte – in der Mathematik wie in anderen Bereichen. Knifflig sind hier die Worte „plus das Trinkgeld von 2 € für den Kellner“: Anstatt die 2 € hinzuzurechnen („plus“), solltest du sie nämlich abziehen.

Denk mal drüber nach: Ziehe die 2 € ab, und du erhältst 25 €, also die Summe, die das Restaurant bekommen hat. Jeder Freund bekam 1 € und der Kellner 2 €.

Alternativ ruf dir ins Gedächtnis, dass die Freunde sich ja eigentlich auch das Trinkgeld von 2 € geteilt haben (macht 0,67 € für jeden). Sie haben also jeder 9 € für ihr Essen und ihren Anteil am Trinkgeld bezahlt. Das Essen selbst kostete jeden 8,33 €; mit den 0,67 € Trinkgeldanteil kommt man auf 9 €. Wenn also jeder 10 € bezahlt und 1 € zurückbekommen hat, stimmt alles genau!

TRINKWASSER

08

ÜBERLEBENSCHANCE: GERINGE BIS KEINE CHANCE

ÜBERLEBENSSTRATEGIEN: VERHÄLTNISSE; BRÜCHE

TOD DURCH: AUSTROCKNUNG

REICHT DAS WASSER?

DAS PROBLEM

Wir schreiben das Jahr 1851. Du warst auf Walfang, aber ein furchtbarer Sturm hat euer Schiff zerstört. Von der 27-köpfigen Mannschaft haben mit dir nur 5 Seeleute überlebt. In einem kleinen Ruderboot wartend, hofft ihr nun, an Land getrieben oder von einem vorbeifahrenden Schiff gerettet zu werden.

Alles, was ihr zu essen habt, sind 20 Kekse. Und, zum Glück, ein Fass mit 240 Litern Trinkwasser.

An das Fass angekettet ist ein Metallbecher mit der Aufschrift „0,5 Liter". Der Bootsmann erinnert sich, dass genau solch ein 240-Liter-Fass vor einigen Jahren, als das Schiff *SS Jefferson* unterging, 10 Männern 16 Tage lang gereicht habe.

Euch ist klar, dass ihr schnellstens Regeln dazu aufstellen müsst, wie viel Wasser jeder pro Tag trinken darf, bevor ihr alle vor Durst verrückt werdet. Die Ozeane sind voller Geschichten darüber, was ausgetrockneten Seemännern alles passiert. Und so wollt ihr doch nicht enden!

Wie lange wird das Wasserfass euch 5 Überlebenden am Leben halten, bis ihr entweder Land erreicht oder auf hoher See gerettet werdet? Wie viele Becher Wasser kann jeder pro Tag trinken? Und, darauf basierend, wie viele Tage ihr mit dem Wasservorrat überleben könnt: Wie könnt ihr die Kekse so zwischen euch aufteilen, dass ihr 5 jeden Tag 1 Stück davon bekommt, solange der Wasservorrat reicht?

EUKLIDS RATSCHLAG

Notiere alles, was du weißt:

- **Das Fass enthält 240 Liter Wasser.**
- **Das gleiche Fass hat 10 Männer 16 Tage lang am Leben gehalten.**
- **Ihr seid 5 Seeleute.**
- **Ein 0,5-Liter-Becher hängt an dem Fass.**
- **Ihr habt 20 Kekse.**

PLATZ ZUM RECHNEN

DIE LÖSUNG

DAS WASSERFASS WIRD 32 TAGE REICHEN. JEDER KANN PRO TAG 3 BECHER WASSER TRINKEN UND $\frac{1}{8}$ KEKS ESSEN.

Löse das Problem Schritt für Schritt:

1. Rechne zuerst aus, wie viele Liter Wasser jeden Tag von den 10 Männern der *SS Jefferson* getrunken wurden. Teile dazu die Anzahl der Liter Wasser (240) durch die Anzahl der Tage, die das Wasser reichte (16 Tage).

$$240 \div 16 = 15$$

Das bedeutet, dass die 10 Männer der *SS Jefferson* durchschnittlich pro Tag insgesamt 15 Liter Wasser tranken.

2. Rechne als Nächstes aus, wie viel Wasser jeder einzelne Mann der *SS Jefferson* pro Tag trank. Teile dazu die 15 Liter Wasser unter den 10 Männern auf.

	$15 \div 10 =$
(benenne die 15 um in $\frac{15}{1}$)	$\frac{15}{1} \div 10 =$
	$\frac{15}{1} \div \frac{10}{1} =$
(stelle die Division um und schreibe sie als Multiplikation mit dem Kehrwert)	$\frac{15}{1} \times \frac{1}{10} =$
(multipliziere jeweils Zähler und Nenner)	$\frac{15}{10} =$
(kürze den Bruch so weit wie möglich)	$\frac{3}{2}$

Das heißt: Jeder Mann hat pro Tag, 16 Tage lang, $\frac{3}{2}$ – also $1\frac{1}{2}$ – Liter Wasser getrunken. Und weil $1\frac{1}{2}$ Liter pro Tag gereicht haben, die Seemänner der *Jefferson* am Leben zu halten, sollte diese Menge auch euch reichen.

3. Wenn jeder von euch 5 Seemännern im Boot $\frac{3}{2}$ Liter Wasser pro Tag trinkt: Multipliziere diese beiden Werte miteinander, um herauszufinden, wie viel ihr alle zusammen an einem Tag trinken werdet.

$$5 \times \frac{3}{2} = \frac{5}{1} \times \frac{3}{2} = \frac{15}{2} = 7\frac{1}{2}$$

Das heißt, dass in eurem Boot jeden Tag $7\frac{1}{2}$ Liter Wasser getrunken werden.

4. Teile nun die Gesamtmenge an Wasser (240 Liter) durch die Menge an Wasser, die jeden Tag getrunken wird ($7\frac{1}{2}$ Liter), um herauszufinden, wie lange das Wasser reichen wird.

	$240 \div 7\frac{1}{2} =$
(benenne die $7\frac{1}{2}$ um in $\frac{15}{2}$)	$240 \div \frac{15}{2} =$
	$\frac{240}{1} \div \frac{15}{2} =$
(stelle die Division um und schreibe sie als Multiplikation mit dem Kehrwert)	$\frac{240}{1} \times \frac{2}{15} =$
(multipliziere jeweils Zähler und Nenner)	$\frac{480}{15} =$
(kürze den Bruch so weit wie möglich)	32

Das Wasser wird dir und deiner Mannschaft also noch 32 Tage reichen!

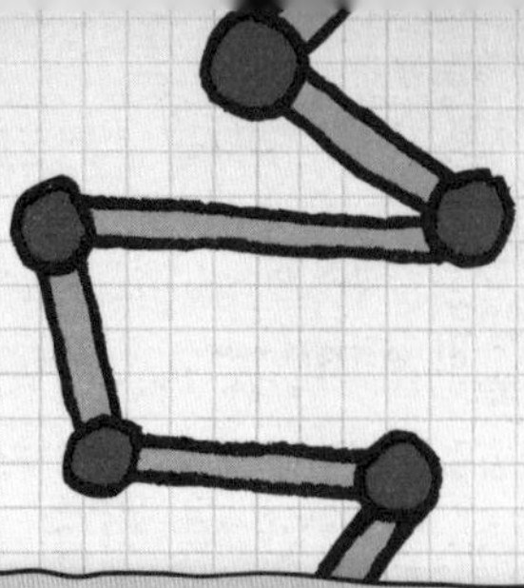

5. Wir wissen nun, dass das 240-Liter-Fass Wasser euch 5 Seeleuten 32 Tage reichen wird. Nun müssen wir herausfinden, wie wir mit dem Becher das Wasser gerecht unter den 5 Seeleuten aufteilen.

Der Becher hat 0,5 Liter, also $\frac{1}{2}$ Liter, Fassungsvermögen. Pro Tag werden 7 $\frac{1}{2}$ ($\frac{15}{2}$) Liter Wasser getrunken. Um die Liter in Becher umzurechnen, teile die Tagesmenge durch den Becherinhalt:

$$\frac{15}{2} \div \frac{1}{2}$$

(stelle die Division um und schreibe sie als Multiplikation mit dem Kehrwert)

$$\frac{15}{2} \times \frac{2}{1}$$

(multipliziere jeweils Zähler und Nenner)

$$\frac{30}{2}$$

(kürze den Bruch so weit wie möglich)

$$15$$

Ihr Männer trinkt also insgesamt 15 Becher Wasser am Tag.

Zum Schluss teilst du die 15 Becher durch die 5 Männer, um herauszufinden, wie viele Becher jeder Mann pro Tag trinken darf.

$$15 \div 5 = 3 \text{ Becher}$$

Zusammengefasst: Jeder der 5 Männer kann 32 Tage lang 3 Becher Wasser am Tag trinken, bevor euch das Wasser ausgeht.

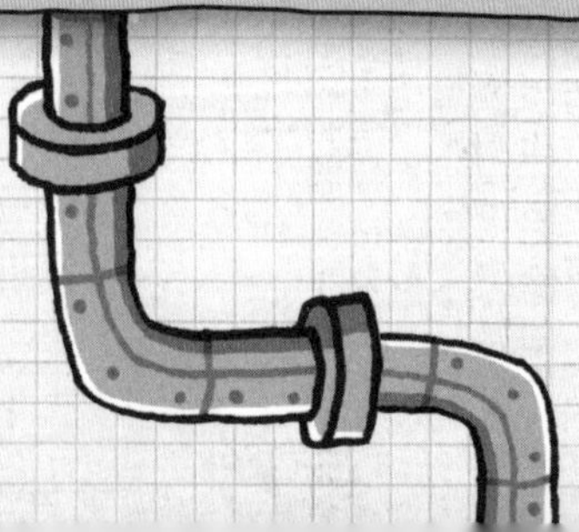

6. Und was ist mit den Keksen? Du weißt jetzt, dass ihr genug Wasser für 32 Tage habt. Und ihr habt 20 Kekse.

Teile zuerst die Anzahl der Kekse (20) durch die Anzahl der euch verbleibenden Tage (32), um herauszufinden, wie viele Stücke Keks ihr alle zusammen pro Tag bekommt.

$$20 \div 32 = \frac{20}{32} = \frac{5}{8} \text{ Stück Keks}$$

Ihr 5 Seeleute müsst euch also pro Tag $\frac{5}{8}$ Keks teilen.

Als Nächstes teilst du die Keksstücke, die pro Tag geteilt werden ($\frac{5}{8}$) durch die Anzahl der Seeleute (5), um zu bestimmen, wie viele Stücke Keks jeder von euch pro Tag essen darf.

$\frac{5}{8} \div 5 =$

$\frac{5}{8} \div \frac{5}{1} =$

(stelle die Division um und schreibe sie als Multiplikation mit dem Kehrwert) $\frac{5}{8} \times \frac{1}{5} =$

(multipliziere jeweils Zähler und Nenner) $\frac{5}{40} =$

(kürze den Bruch so weit wie möglich) $\frac{1}{8}$

Jeder von euch 5 Seemännern kann also 32 Tage lang täglich $\frac{1}{8}$ Keks essen!

MATHE-LABOR

Für Aufgaben wie die letzte ist es wichtig, kleine und große Maßeinheiten mischen zu können. Du hast Glück, dass du nicht schiffbrüchig bist und in einem kleinen Boot auf dem Meer treibst, aber es könnte doch durchaus mal sein, dass du Essensportionen für viele Leute ausrechnen musst.

Mit diesem leckeren Versuch kannst du etwas sehr Wichtiges herausfinden: wie viel Eis die Gäste deiner nächsten Geburtstagsparty bekommen sollen. Das Beste an diesem Versuch ist, dass du dafür Eis kaufen musst. Schaffst du das?

DU BRAUCHST

- 1 GROSSE PACKUNG EISCREME (2,5 LITER)
- 1 EISPORTIONIERER
- 1 MESSBECHER

DER VERSUCH

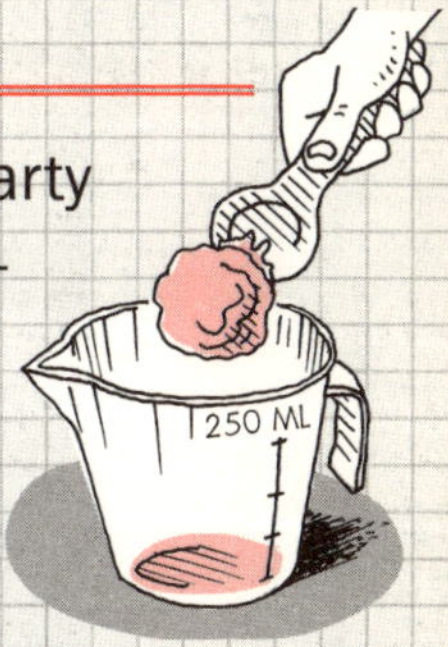

1. Nimm einmal an, du willst auf deiner Party Eishörnchen servieren, und jedes Hörnchen soll mit 1 Kugel Eis bestückt werden.

2. Forme mit dem Eisportionierer 1 Kugel Eis und gib sie in den Messbecher.

3. Fülle weiter kugelweise Eis in den Messbecher – und zähle die Kugeln mit –, bis das Eis die 250-ml-Marke erreicht.

4. Drück das Eis ein wenig zusammen und füge noch 1 bis 2 Kugeln hinzu, falls zwischen den Kugeln im Messbecher noch Lücken sind.

5. Schreibe auf, wie viele Kugeln du brauchtest, um die 250-ml-Marke zu erreichen.

6. Wie kannst du nun mit dieser Information herausfinden, wie viele Kugeln Eis deine ganze 2,5-Liter-Packung hergibt?

DIE LÖSUNG: DA 4 X 250 ML = 1 LITER SIND, SIND 2,5 LITER = 10 X 250 ML. DU MUSST ALSO DIE ANZAHL DEINER EISKUGELN IM MESSBECHER MIT 10 MULTIPLIZIEREN, UM HERAUSZUFINDEN, WIE VIELE EISKUGELN IN DEINER EISPACKUNG SIND.

LORDZ
GRAFFITI
ZUTRITT VERBOTEN
GEFAHR

09

ÜBERLEBENSCHANCE: GERINGE BIS KEINE CHANCE

ÜBERLEBENSSTRATEGIEN: STRUKTUREN ERKENNEN

TOD DURCH: ABRISS DES GEBÄUDES

DER GEHEIM-CODE

DAS PROBLEM

Dein Freund Juan war leider zur falschen Zeit am falschen Ort: Bankräuber haben ihn entführt und irgendwo in einem großen Wohnblock eingesperrt, der in 30 Minuten abgerissen wird. Die Bankräuber sind geflohen, sodass du Juan nun gefahrlos suchen kannst, aber wo sollst du anfangen? Der Wohnblock hat 11 Stockwerke und auf jedem Stockwerk mindestens 10 leere Wohnungen. Du fängst mit dem Erdgeschoss an. Doch halt – aus einem der Briefkästen schaut ein Stück Papier heraus! Du schnappst es dir und liest:

10-11-14-8-7 11-5-10 4-11-16

10-11-16-22-7-20 6-7-20 21-11-7-4-22-7-16 22-23-7-20

11-15 21-11-7-4-22-7-16 21-22-17-5-13-25-7-20-13

12-23-3-16

Es ist eine verschlüsselte Botschaft! Da bist du dir sicher, denn Juan liebt die Geschichten von Edgar Allan Poe, besonders „Der Goldkäfer", in dem eine codierte Botschaft vorkommt. Und ... ja: Die letzten vier Zahlen dürften für Juans Namen stehen. Damit kannst Du bestimmt das Muster finden, mit dem du die ganze Botschaft entschlüsseln kannst.

Juan muss sich ein Muster ausgedacht haben, um auf diese Zahlen zu kommen. Wenn 12 = J ist, 23 = U, 3 = A und 16 = N: Kannst du das Muster herausfinden, den Code knacken und Juan retten, bevor es zu spät ist?

EUKLIDS RATSCHLAG

Fange an, indem du einen Schlüssel anlegst, in dem du notierst, wofür jede Zahl des Codes steht:

- **Wir wissen, dass das letzte Wort „12-23-3-16" für Juans Namen steht, also kannst du dies schon einmal in den Schlüssel hineinschreiben:**

  12 = J, 23 = U, 3 = A, 16 = N

- **Als Nächstes findest du das Muster, um den Code zu knacken. Was fällt dir auf? Den Buchstaben am Anfang des Alphabets sind niedrigere Ziffern zugeordnet als denen am Ende. Erkennst du da ein Muster, mit dem du arbeiten kannst?**

HINWEIS: Schreibe das ganze Alphabet auf (ohne Umlaute), zusammen mit den Zahlen, die du schon kennst.

PLATZ ZUM RECHNEN

DIE LÖSUNG

DIE BOTSCHAFT LAUTET:

HILFE ICH BIN
HINTER DER SIEBTEN TUER
IM SIEBTEN STOCKWERK
JUAN

Löse das Problem Schritt für Schritt:

1. So sah die Botschaft zunächst aus:

10-11-14-8-7 11-5-10 4-11-16

10-11-16-22-7-20 6-7-20 21-11-7-4-22-7-16
22-23-7-20

11-15 21-11-7-4-22-7-16
21-22-17-5-13-25-7-20-13

12-23-3-16

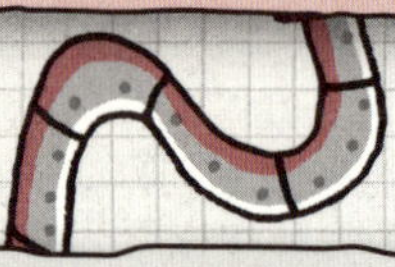

2. Als du die 4 bekannten Buchstaben eingesetzt hattest, wurde aus der Botschaft

10-11-14-8-7 11-5-10 4-11-N

10-11-N-22-7-20 6-7-20 21-11-7-4-22-7-N
22-U-7-20

11-15 21-11-7-4-22-7-N
21-22-17-5-13-25-7-20-13

JUAN

3. Schreibe nun das ganze Alphabet auf und dahinter die laufende Nummer, die jeder Buchstabe im Alphabet hat – ein guter Ausgangspunkt. Schreibe dahinter die Zahlen des Codes, die du schon kennst, und versuche, ein Muster zu erkennen.

A	1	3
B	2	
C	3	
D	4	
E	5	
F	6	
G	7	
H	8	
I	9	
J	10	12
K	11	
L	12	
M	13	

N	14	16
O	15	
P	16	
Q	17	
R	18	
S	19	
T	20	
U	21	23
V	22	
W	23	
X	24	
Y	25	
Z	26	

4. Erkennst du das Muster? Den Buchstaben sind Zahlen zugeordnet, die immer 2 mehr sind als ihr Platz im Alphabet. A ist zum Beispiel Nummer 1 im Alphabet, und Juan hat ihm die 3 zugeordnet.

$$1 + 2 = 3$$

Die Zahl für das B kannst du also herausfinden, wenn du dessen Platz im Alphabet (2) nimmst und 2 addierst.

$$2 + 2 = 4$$

Fülle den Rest der Tabelle aus, um den Code zu knacken.

A	1	3
B	2	4
C	3	5
D	4	6
E	5	7
F	6	8
G	7	9
H	8	10
I	9	11
J	10	12
K	11	13
L	12	14
M	13	15

N	14	16
O	15	17
P	16	18
Q	17	19
R	18	20
S	19	21
T	20	22
U	21	23
V	22	24
W	23	25
X	24	26
Y	25	1
Z	26	2

Die Botschaft lautet also:

Hilfe ich bin
hinter der siebten Tuer
im siebten Stockwerk
Juan

MATHE-LABOR

Um eine Botschaft in einem Geheimcode zu schreiben, musst du nicht erst gekidnappt werden. Du könntest zum Beispiel anderen Leuten mitteilen, wie und wo sie einen versteckten Schatz finden.

Versteck doch einfach mal einen Schatz – vielleicht ein paar Schokoriegel – und stelle deinen Freunden die Aufgabe, ihn zu finden – mithilfe deiner verschlüsselten Anweisungen. Für deinen Code kannst du Buchstaben, Zahlen oder eine Kombination aus beiden benutzen, aber du solltest dabei 2 Dinge im Gedächtnis behalten:

- Du musst immer dieselben Symbole für dieselben Buchstaben benutzen, sonst funktioniert es nicht.
- Verliere nicht den Schlüssel zu deinem Code!

DU BRAUCHST

- 1 „SCHATZ“ ZUM VERSTECKEN
- 1 BLEISTIFT
- PAPIER
- FREUNDE, DIE DEINE BOTSCHAFT ENTSCHLÜSSELN
- 1 UHR ODER STOPPUHR

DER VERSUCH

1. Versteck zuerst den „Schatz" irgendwo, wo deine Freunde ihn finden können, wenn sie den Code knacken – in einer bestimmten Schublade, hinter einem Baum oder unter einem Hut.

2. Denk dir nun einen Code aus, der für jeden der 26 Buchstaben des Alphabets ein anderes Symbol (eine Zahl oder einen anderen Buchstaben) benutzt (Ä = AE, Ö = OE, Ü = UE, ß = SS).

3. Schreibe alle „normalen" Buchstaben untereinander auf ein Blatt Papier.

4. Schreibe die Codebuchstaben oder -zahlen neben jeden Buchstaben.

5. Schreibe auf ein weiteres Blatt Papier die Anweisungen für deine Freunde – natürlich in dem gerade ausgedachten Code. Mach die Botschaft nicht zu kurz, denn sonst fällt es ihnen schwerer, Muster zu finden (z. B. zu sehen, wie oft bestimmte Buchstaben oder Zahlen vorkommen). Du kannst ihnen beim Knacken des Codes helfen, wenn du unter die Botschaft deinen Namen im Code schreibst, wie es auch Juan gemacht hat.

6. Gib ihnen eine bestimmte Zeit vor – vielleicht 10 Minuten –, um den Code zu knacken und den Schatz zu finden.

A5
ALPEN

10

ÜBERLEBENSCHANCE: GERINGE BIS KEINE CHANCE

ÜBERLEBENSSTRATEGIEN: PROPORTIONALE GLEICHUNG

TOD DURCH: FEINDLICHEN SPION

SCHNELLES UMZIEHEN IM ZUG

DAS PROBLEM

Es ist der 31. Dezember 1893, und im berühmten Orientexpress bereiten sich alle Fahrgäste gut gelaunt auf Silvester vor. Ihr habt Paris vor Sonnenaufgang verlassen und seid 6 Stunden durch Frankreich gefahren. In dieser Zeit hat der berühmte Zug 540 km zurückgelegt und fährt nun zügig auf die Alpen zu. Bald werdet ihr in den 3 km langen Courchevel-Tunnel

DER ORIENTEXPRESS

Der Orientexpress war ein luxuriöser Schnellzug, der von 1883 bis 2009 im Einsatz war. Zunächst verkehrte er zwischen Paris in Frankreich und Istanbul in der Türkei. Auf der Strecke fuhr er durch spektakuläre Landschaften und hielt in vielen der schönsten Städte Europas. Wegen seiner Schnelligkeit, seines üppigen Komforts und des erstklassigen Service hatte der Orientexpress den Ruf, die Reichen, Mächtigen und Geheimnisvollen magisch anzuziehen.

hineinfahren, und der Zug wird von Dunkelheit umhüllt sein.

Doch du kannst dich leider nicht zurücklehnen und die Fahrt genießen: Du hast ein Dokument dabei, das Ivan Renkovic, einen internationalen Kriegsverbrecher, vor Gericht bringen wird und das du an der schweizerischen Grenze, etwa 5 km hinter dem Tunnel, aushändigen wirst.

Doch Renkovic hat überall seine Spione, und die würden töten, um an das Dokument heranzukommen. Tatsächlich hast du gerade mitbekommen, wie ein als Schaffner verkleideter Mann im nächsten Waggon gefragt hat, ob jemand mit deinem Aussehen im Zug sei. Irgendwie musst du jetzt an ihm vorbei in den Teil des Zuges gelangen, den er schon abgesucht hat.

Du versteckst dich erst einmal in einem Schrank, der sich als Speisewagen-Vorratsschrank entpuppt. Aha – dort hängt auch die Arbeitskleidung eines Kochs! Diese würde dir sehr helfen, am Spion vorbeizugelangen. Und niemand würde einen Koch nach seinem Ticket fragen!

Du stellst dir eine Verkleidung zusammen, auch wenn dort kein Platz zum Umziehen ist: Hemd und Hose in Weiß, Kochmütze, weiße Socken, weiße Schuhe, schwarzer Gürtel, Krawatte. Aber um das alles anzuziehen, müsstest du wieder auf den Gang hinaus. Du brauchst 2 Minuten, in denen dich dort keiner sehen darf. Dann wird alles dunkel: Ihr seid im Tunnel!

Wie lange wird der Zug im Tunnel sein? Hast du genug Zeit, die Kochuniform anzuziehen, während der Zug sich im Tunnel befindet?

VARIABLEN

Eine Variable ist eines der nützlichsten Werkzeuge in der Mathematik. Sie ist ein Platzhalter für eine Zahl oder Menge und wird normalerweise von einem Buchstaben dargestellt, zum Beispiel *a* oder *x*. Sie kann ein Wert sein, den du ausrechnen willst oder zu dem du eine lineare Gleichung auflösen willst: $x + 3 = 5$; x ist also $= 2$. Oder sie ist ein Wert, den du schon kennst und den du in eine Formel einsetzen musst, um die gewünschte Lösung zu erhalten. Bei der Flächenberechnung eines Rechtecks gilt die Formel: $A = a \times b$, in die du die Länge (a) und die Breite (b) einträgst, um die Fläche (A) herauszufinden.

EUKLIDS RATSCHLAG

Notiere alles, was du weißt:

- **Der Zug ist in 6 Stunden 540 km gefahren.**
- **Der Courchevel-Tunnel ist 3 km lang.**
- **Die plötzliche Dunkelheit zeigt dir: Ihr seid in den Tunnel hineingefahren.**
- **Du brauchst 2 Minuten zum Umziehen, und der Zug muss dafür die ganze Zeit im dunklen Tunnel sein.**
- **Eine proportionale Gleichung wird dir bei der Problemlösung helfen.**

PLATZ ZUM **RECHNEN**

540 : 6 = 90 km/h
00
0R

Tunnel 3 km

~~90 : 3~~ = 30
0R

540 : 3 = 180 km
24
00
0R

180 km → 2 h
90 km → 1 h
45 km → 30 min

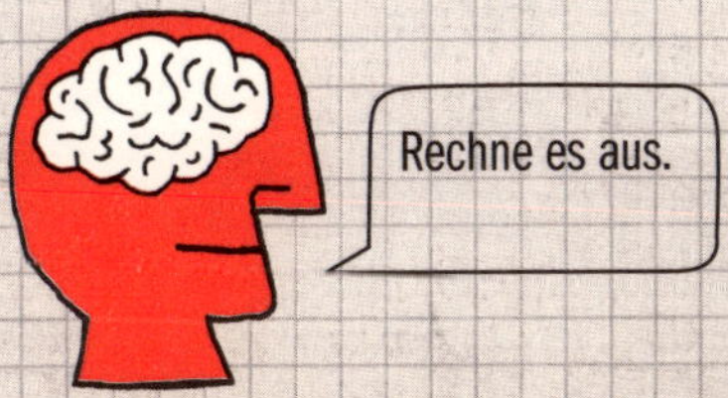
Rechne es aus.

DIE LÖSUNG

DER ZUG WIRD 2 MINUTEN BRAUCHEN, UM DURCH DEN TUNNEL ZU FAHREN. DIE ZEIT WIRD DIR ALSO ZUM UMZIEHEN GERADE REICHEN!

Löse das Problem Schritt für Schritt:

1. Um herauszufinden, wie lange der Zug im Tunnel sein wird, musst du zuerst die Geschwindigkeit des Zuges ausrechnen. Die Länge des Tunnels kennst du schon (3 km). Die Geschwindigkeit errechnest du, indem du die gefahrenen Kilometer durch die Zeit teilst, die ihr dafür gebraucht habt:

540 km ÷ 6 Stunden = 90 km pro Stunde

2. Nun weißt du, dass ihr in der Stunde 90 km fahren könnt. Aber dir geht es nur um 3 km. Wie lange werdet ihr dafür brauchen? Um das herauszufinden, erstelle eine Gleichung mit 2 proportionalen Werten und der unbekannten Variablen *t*.

$$\frac{90}{1} = \frac{3}{t}$$

$$90 \times t = 3$$

$$t = \frac{1}{30}$$

3. Wofür steht $\frac{1}{30}$ nun? Die Anzahl der Stunden, die ihr im Tunnel sein werdet. Mit anderen Worten $\frac{1}{30}$ von 60 Minuten. Multipliziere, um die Lösung in Minuten herauszubekommen.

$$\frac{1}{30} \times 60 = \frac{60}{30} = 2 \text{ Minuten}$$

4. Alternativ kannst du eure Geschwindigkeit in Kilometern pro Minute ausrechnen. Beginne mit 540 km in 6 Stunden. Wie viele Minuten haben 6 Stunden? 6 x 60 = 360. Teile 540 durch 360: 1,5. Eure Geschwindigkeit ist also 1,5 km pro Minute – ihr könnt demnach 3 km in 2 Minuten fahren.

Du hast *gerade* genug Zeit zum Umziehen!

MATHE-LABOR

Die Schwierigkeiten dieser Aufgabe kannst du noch besser verstehen, wenn du etwas Ähnliches zu Hause ausprobierst. Lade ein paar Freunde ein und mache einen Wettbewerb daraus. Da du ja ähnliche Bedingungen wie im Zug schaffen willst, sollten die entscheidenden Aktionen im Dunkeln stattfinden. Am besten macht ihr es also abends oder in einem Zimmer, das sich mit Gardinen oder Rollos komplett abdunkeln lässt.

DU BRAUCHST

- 1 STOPPUHR ODER ANDERE UHR
- 1 KLEINE TASCHENLAMPE
- 1 ZUSAMMENSTELLUNG LOCKER SITZENDER KLEIDUNG WIE:
- HEMD
- ANZUGJACKE
- KRAWATTE
- ROCK
- SOCKEN

DER VERSUCH

1. Jemand muss die Zeit der einzelnen Mitspieler stoppen. Er oder sie sollte eine Stoppuhr haben, die im Dunkeln zu sehen ist, oder zum Ablesen der Zeit die Taschenlampe verwenden.

2. Lege die Kleidungsstücke ordentlich nebeneinander auf einen Stuhl oder Tisch.

3. Bitte den ersten Mitspieler, sich neben die Kleidung zu stellen.

4. Beim Startsignal macht ihr das Licht aus, die Stoppuhr wird für 2 Minuten gedrückt, und der 1. Mitspieler versucht, so schnell wie möglich alle Sachen anzuziehen.

5. Der-/diejenige an der Stoppuhr ruft „Stopp!", wenn 2 Minuten vorbei sind, und der Mitspieler hört mit dem Anziehen auf.

6. Schaltet das Licht ein und schaut euch an, wie ordentlich (oder nicht) der Mitspieler sich die Kleidungsstücke angezogen hat.

7. Wiederholt die Schritte 3 bis 6, bis jeder einmal dran war.

8. Stimmt ab, wer die Kleidungsstücke am überzeugendsten angezogen hat. Hätte der Spion diese Verkleidung durchschaut?

EUKLID
DIE ABENTEUER VON
MARVIN
DEM MAGISCHEN
MATHEMATIKER
NR 1
10 Pf.
3.14
a²+b²=c²
c
a
b

11

ÜBERLEBENSCHANCE: GERINGE BIS KEINE CHANCE

ÜBERLEBENSSTRATEGIEN: STRUKTUREN ERKENNEN

TOD DURCH: ENTTÄUSCHUNG

EINE PYRAMIDE KAUFEN

DAS PROBLEM

Du kannst dein Glück kaum fassen: Dein Comichändler hat endlich die sehr seltene Erstausgabe von *Die Abenteuer von Marvin, dem magischen Mathematiker*. Aber sie kostet € 300! Es wird ewig dauern, mit deinem Samstagsjob, bei dem du Zeitungen an alle 9.000 Einwohner deiner Stadt austragen musst, so viel Geld zu verdienen.

Dein Freund Robert verspricht dir, dass ein gewisses „Pyramidensystem", in das er investiert hat, dir dabei helfen wird, zu Geld zu kommen – und das ganz schnell. Du musst am Anfang lediglich € 100 investieren, eine Summe, die du dir wochenlang zusammengespart hast. Das Pyramidensystem funktioniert so: 1 Person (nennen wir sie „Spitze der Pyramide") bringt 10 weitere Personen („Stufe 2") dazu, ihr jeweils € 100 zu bezahlen. Jeder von *denen* soll wiederum 10 *weitere* Personen finden („Stufe 3"), die jeweils € 100 bezahlen. So weit, so gut: Wenn jeder 10 willige Personen gefunden hat, hat die Spitze der Pyramide € 1.000 verdient und alle Personen auf Stufe 2 € 900 (€ 1.000 minus die 100, die sie an die Spitze der Pyramide zahlen mussten).

Robert erzählt dir, er sei auf Stufe 4 der Pyramide. Wenn du ihm die € 100 gibst, so meint er, kannst du innerhalb weniger Tage € 900 verdienen.

Wenn du also bei Stufe 5 dieses Systems mitmachst und nur Personen aus deiner Stadt rekrutieren kannst: Gibt es genug Menschen in deiner 9.000-Einwohner-Stadt, dass du die € 900 verdienen kannst?

EUKLIDS RATSCHLAG

Pyramidensysteme (auch „Schneeballsysteme" genannt) heißen so, weil das Diagramm, mit dem man aufzeichnet, wie sie funktionieren, wie eine Pyramide aussieht. Sie starten immer mit 1 Person („Spitze der Pyramide"), und jede Stufe wird breiter – als würde man sich von der Spitze zum Boden einer echten Pyramide hinunterarbeiten. Jede Person investiert € 100 und muss dann 10 weitere Personen finden, die ihr € 100 bezahlen, usw. Ein Baumdiagramm kann dir helfen, das Pyramidensystem mit all seinen Stufen bildlich darzustellen.

PLATZ ZUM RECHNEN

DIE LÖSUNG

NEIN. DIE EINWOHNERZAHL DEINER STADT IST ZU KLEIN, WENN DU AUF STUFE 5 BIST.

Löse das Problem Schritt für Schritt:

1. Wenn du ein Baumdiagramm des Pyramidensystems zeichnest, siehst du, dass das Ganze ab Stufe 3 ein wenig außer Kontrolle gerät. Wenn die Person an der Spitze der Pyramide ihr Geld verdient hat, beginnt die Anzahl der Personen, die mitmachen müssen, sich rasant zu steigern.

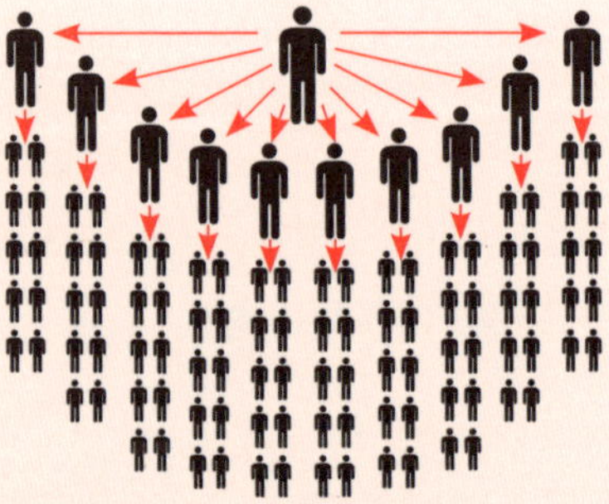

2. Denk es dir so: Wenn 10 Personen auf Stufe 2 sind, und jeder noch 10 weitere Personen finden muss, aus wie vielen Personen besteht dann Stufe 3?

$$10 \times 10 = 100$$

3. Nun überlege, was das für weitere Stufen bedeutet: Auf Stufe 3 sind 100 Personen, und jede von ihnen muss 10 Personen finden.

$$100 \times 10 = 1.000$$

4. Auf Stufe 4 sind also 1.000 Personen, und jede von ihnen muss auch wieder 10 Personen finden.

1.000 × 10 = 10.000

5. Wow! Das heißt, dass ab Stufe 5 nicht genug Leute in deiner 9.000-Einwohner-Stadt wohnen, um bei dem System mitzumachen.

6. Schau dir an, wie schnell die Stufen riesige Teilnehmermengen bräuchten, wenn es noch weitere Stufen gäbe:

10.000 × 10 = 100.000 für Stufe 6

100.000 × 10 = 1.000.000 für Stufe 7

Mit anderen Worten, je weiter das Pyramidensystem fortschreitet, desto schwieriger wird es – und schließlich unmöglich –, neue Personen zu finden. Das heißt, dass ein paar Leute an der Spitze etwas verdienen, aber viele, viele Menschen, die auf den unteren Stufen ihre € 100 bezahlt haben, das investierte Geld verlieren und nie etwas zurückbekommen. Du würdest auf Stufe 5 ganz bestimmt kein Geld verdienen! Es ist definitiv keine gute Idee, dabei mitzumachen. Deswegen sind Pyramidensysteme oft verboten.

MATHE-LABOR

Du kannst in deiner Klasse ein Mini-Pyramidensystem aufbauen – und zeigen, wie schnell so etwas zusammenbricht. Aber nimm kein echtes Geld!

DU BRAUCHST

- MINDESTENS 25 KLEINE ZETTEL
- MINDESTENS 25 MITSPIELER

DER VERSUCH

1. Erkläre, dass du eine Methode hast, wie alle reich werden können – jedenfalls reich an Zetteln.
2. Bestimme einen Wert für jeden Zettel, z. B. € 100.
3. Gib jeder Person 1 Zettel.

4. Du kannst die Spitze der Pyramide sein.

5. Bitte 10 Personen, dir je € 100 (1 Zettel) zu geben, damit es losgeht. Du hast jetzt € 1.000.

6. Bitte jede von ihnen, 10 weitere Personen zu finden, die ihnen die € 100 bezahlen. Andere Mitspieler können auch Nein sagen, wenn sie wollen.

7. Macht so lange weiter, bis die Mitspieler auf den unteren Stufen der Pyramide keine neuen Mitspieler mehr finden können, die die € 100 bezahlen wollen.

8. Wie viele Personen haben Geld verdient? Wie viele haben Geld verloren?

9. Kannst du dir andere Versionen dieses Systems vorstellen (es gibt Dutzende Variationen), die die ersten Personen noch reicher machen oder die der Pyramide erlauben, länger zu funktionieren? Versuche, mit mehr Personen an der Spitze zu starten, mit weniger Personen, mit höheren Gebühren oder mit einer anderen Anzahl an Personen, die jeder Mitspieler finden muss.

12

ÜBERLEBENSCHANCE: GERINGE BIS KEINE CHANCE

ÜBERLEBENSSTRATEGIEN: STRUKTUREN ERKENNEN UND NUTZEN

TOD DURCH: ERSTICKEN

LEBENDIG BEGRABEN?

DAS PROBLEM

Du bist in einer antiken ägyptischen Grabkammer. Puh: Es ist dunkel, und die Luft ist so abgestanden, dass Professor Aziz wohl recht hat: Die geheime Schiebetür war 3.500 Jahre lang verschlossen ... bis jetzt ... und sie muss wirklich luftdicht gewesen sein. Der Professor hat sein ganzes Berufsleben darauf verwendet, nach dieser präch-

DIE ÄGYPTISCHEN DYNASTIEN

Historiker unterteilen das alte Ägypten in 30 Dynastien. Eine Dynastie besteht aus einer Reihe von Herrschern (z. B. die ägyptischen Pharaonen), die zur selben Familie gehören. Die erste (früheste) Dynastie gab es vor etwa 5.000 Jahren, als sich Ägypten erstmals zum Staat zusammenschloss. Die Nummerierung zieht sich dann durch die ganze ägyptische Geschichte, darunter Zeiten, in denen ausländische Mächte wie Persien das Land regierten. Die meisten Historiker sehen in der 30. Dynastie die letzte. Sie endete, als Alexander der Große 332 v. Chr. Ägypten eroberte.

tigen verborgenen Grabkammer zu suchen, die aus der 18. Dynastie des alten Ägypten stammt. Nur der Professor und seine beiden Assistenten, Nahid und du, wissen von der Grabkammer, und ihr habt darauf geachtet, dass euch niemand hierher gefolgt ist.

Abgesehen von dem Lichtstrahl, der durch die geheime Tür fällt, stammt das einzige Licht aus der Taschenlampe, die du dabeihast, und du kannst nicht sehen, wie groß die ganze Grabkammer ist. Du legst deine Kamera in Türnähe ab (es ist zu dunkel für Fotos, und du hast keinen Blitz) und gehst weiter in die Kammer hinein. Die Wände sind voller Hieroglyphen, und Professor Aziz übersetzt hier und da etwas, während ihr drei immer weiter in den noch unentdeckten Tunnel hineingeht.

Professor Aziz hält an. „Dies hier ist eine sehr lange Inschrift. Und sie hat die Form eines Rätsels, wie es die alten Ägypter liebten. Schaut mal – da ist ein Bild von der Tür, durch die wir hereingekommen sind, mit hereinströmendem Sonnenlicht. Und daneben seht ihr eine Reihe Sandalen, womit die Ägypter die Maßeinheit ‚Fuß' bezeichneten. Erst 2 Sandalen, dann 4, dann 7, dann 11, dann ... wartet mal ... 16 Sandalen. Und hier ist das Rätsel ... da steht: ‚Füge 3 weitere hinzu und addiere dann alles.'"

„Worum geht es da, meinen Sie?", fragt Nahid.

„Nun, eigentlich ist es ganz einfach. Es sagt uns, wo die andere Tür im Verhältnis zur Eingangstür ist“, sagt der Professor.

„Sie meinen, es gibt noch eine weitere geheime Tür, die –“

Und in diesem Moment hört ihr ein lautes, quietschendes Geräusch und schaut zurück: Die Tür schließt sich langsam! Ihr rennt dorthin und hofft, sie zu erreichen, bevor sie ganz geschlossen ist, aber in deiner Hast lässt du die Taschenlampe fallen. Sie geht aus, und du bekommst sie auch nicht wieder angeschaltet. Das Licht von vorn wird schwächer und schwächer, während sich die Tür schließt ... und dann: Finsternis. Alles schwarz.

Ihr drei findet die Mauer und tastet euch langsam zurück zur Tür, wo du deine Kamera hingelegt hast. Die Mauer darüber zeigt jetzt keinen Unterschied zu allen anderen Wänden des Tunnels. Ihr drückt und presst, aber es bewegt sich gar nichts, und ziehen geht auch nicht. Was könnt ihr tun? Die Grabkammer ist luftdicht – wann wird euch die Luft ausgehen? Niemand weiß, dass ihr hier seid.

Eure einzige Hoffnung ist das Rätsel an der Wand. Verwende das Muster, um es zu lösen, und finde heraus, wie viele Fuß ihr von der verborgenen Ausgangstür entfernt seid. Löse die Aufgabe und entkomme einem tödlichen Schicksal.

EUKLIDS RATSCHLAG

Notiere alles, was du weißt:

- **Das Rätsel ist der Schlüssel. Die Sandalen stehen für „Fuß“, also sagt das Rätsel euch, wie viele Fuß von der Eingangstür (die ja auf der Wand abgebildet war) entfernt die Ausgangstür ist.**
- **Da schien es ein Muster zu geben: 2, 4, 7, 11, 16, und dann, so hieß es, „3 weitere hinzu“.**
- **Zum Schluss hieß es „addiere dann alles“. Vielleicht hat das auch was mit dem Muster zu tun?**

PLATZ ZUM RECHNEN

$$2+4+7+11+16+22+29+37$$

$$\begin{array}{r} 2 \\ 4 \\ 7 \\ 11 \\ 16 \\ 22 \\ 29 \\ 37 \\ \hline 128 \end{array}$$

Die Entfernung beträgt 128 Fuß.

Rechne es aus.

DIE LÖSUNG

DIE GEHEIME AUSGANGSTÜR IST 128 FUSS VON DER EINGANGSTÜR ENTFERNT.

Löse das Problem Schritt für Schritt:

1. Der Schlüssel zur Lösung ist das Muster, das von den Zahlen 2, 4, 7, 11 und 16 gebildet wird. Wie funktioniert das Muster also?

Die Differenz zwischen 2 und 4 ist 2.

Die Differenz zwischen 4 und 7 ist 3.

Die Differenz zwischen 7 und 11 ist 4.

Die Differenz zwischen 11 und 16 ist 5.

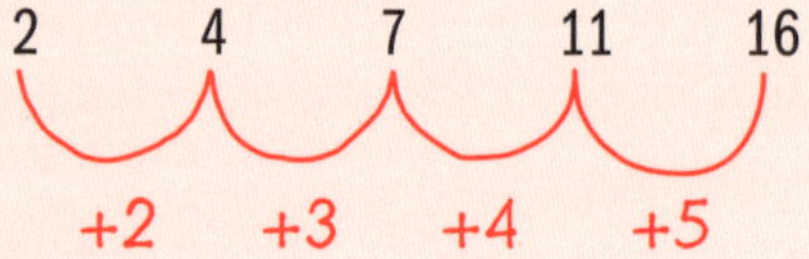

Die Zahl, die die Differenz zwischen jeweils 2 Zahlen ausmacht, wird jedes Mal um 1 größer.

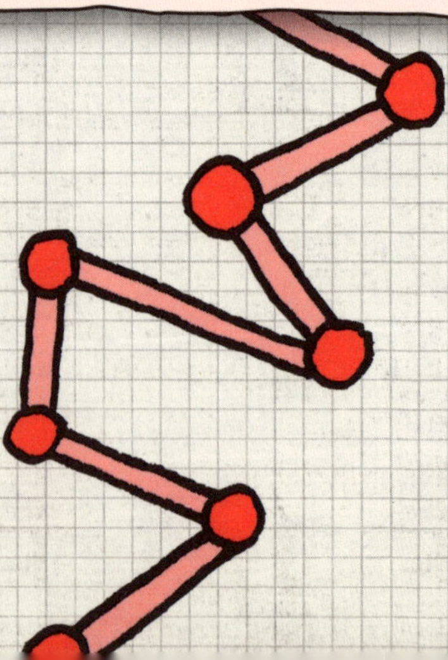

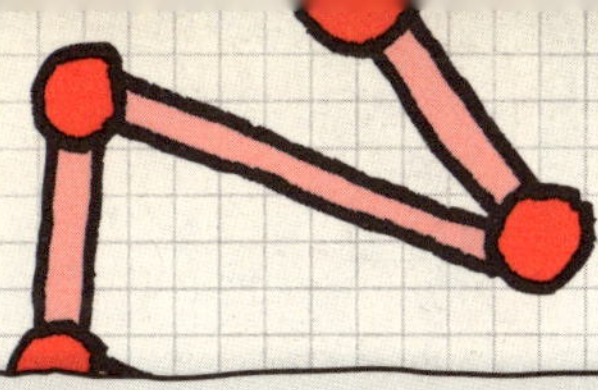

2. Jetzt, wo du das Muster gefunden hast, „füge 3 weitere hinzu“, indem du das Muster noch um 3 Zahlen erweiterst.

2 4 7 11 16 22 29 37

+2 +3 +4 +5 +6 +7 +8

Das Zahlenmuster ist nun also 2, 4, 7, 11, 16, 22, 29, 37.

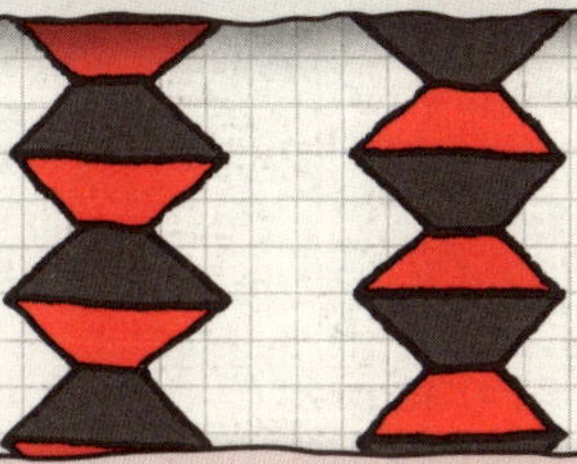

3. Zum Schluss musst du „alles addieren“, also alle Zahlen:

$$2 + 4 + 7 + 11 + 16 + 22 + 29 + 37 = 128$$

Der Ausgang ist also 128 Fuß vom Eingang entfernt!

Der Professor weiß sogar, dass 1 Fuß 0,3048 m entspricht. Die Entfernung beträgt also

$$128 \times 0{,}3048 = 39{,}0144$$

also etwas mehr als

39 Meter.

MATHE-LABOR

Zahlenreihen kannst du in deiner Umgebung überall finden. Eine typische Zahlenreihe, die auch in der Natur häufiger vorkommt, ist die Fibonacci-Folge. Sie wurde nach einem italienischen Mathematiker benannt, der vor etwa 800 Jahren in Pisa lebte. Er schrieb folgende Zahlen auf:

0, 1, 1, 2, 3, 5, 8, 13, 21, 34 ...

Erkennst du, wie diese Reihe entsteht? Jede Zahl ist die Summe der 2 vorhergehenden Zahlen (jedenfalls, wenn's einmal losgegangen ist). Die zweite 1 ist also die Summe von 0 und 1; die 8 ist die Summe von 3 und 5; die 34 ist die Summe von 13 und 21 usw.

Allein das wäre ja schon sehr interessant, aber noch spannender ist, dass seitdem entdeckt wurde, dass die Fibonacci-Folge in der Natur öfter vorkommt. Mit diesem Versuch könnt ihr gleichzeitig Biologen und Mathematiker sein – auf der Jagd nach mehr Beispielen der mysteriösen Fibonacci-Folge.

DU BRAUCHST

- FREUNDE
- 1 BLUMENKOHL, 1 ANANAS ODER 1 FICHTENZAPFEN
- BLEISTIFT
- PAPIER

DER VERSUCH

1. Lass dir von einem oder mehreren Freunden bei dieser Untersuchung helfen, die bis zu einer Woche dauern kann.

2. Erzähle ihnen etwas über Zahlenreihen allgemein und besonders darüber, wie die Fibonacci-Folge funktioniert.

3. Wenn ihr einen Blumenkohlkopf habt, schaut von oben darauf, bis ihr den Mittelpunkt der Röschen sehen könnt.

4. Findet die Röschen-Spiralen, die von diesem Mittelpunkt ausgehen, und zählt sie – erst die, die im Uhrzeigersinn, dann die, die gegen den Uhrzeigersinn verlaufen.

5. Überprüft, ob die beiden Zahlen irgendwo in die Fibonacci-Folge passen.

6. Versucht das Gleiche, indem ihr die Spiralen der schuppenartigen Blüten (im und gegen den Uhrzeigersinn) findet, die an der Außenseite einer Ananas oder eines Fichtenzapfens verlaufen.

7. Und jetzt schaut mal, wer die meisten Fibonacci-Zahlen in der Natur finden kann: Schreibt alle Beispiele (und die Zahlen) eine Woche lang auf.

Ihr könnt euch die Anzahl der Blüten an Blumen anschauen, die Anordnung von Blättern, das Innere einer Sonnenblumenblüte, die Samen in einem horizontal aufgeschnittenen Apfel ... so ziemlich alles, was mit Pflanzen zu tun hat. Ihr könnt das Ganze auch umdrehen und Beispiele aus der Pflanzenwelt finden, in denen *keine* Fibonacci-Zahlen vorkommen (z. B. 4, 6, 7).

13

ÜBERLEBENSCHANCE: GERINGE BIS KEINE CHANCE

ÜBERLEBENSSTRATEGIEN: ANALYTISCHES DENKEN

TOD DURCH: ZOMBIES

DIE HÄNGE-BRÜCKE

DAS PROBLEM

Arnie, Bella, Carlos und du seid in der Falle: Mitten in den Anden werdet ihr von Zombies durch Inka-Ruinen gejagt. Eure Ferien könnten kaum schlimmer sein!

Die Zombies kommen soeben den Berg herauf – sie sind etwa 20 Minuten entfernt –, und ganz offensichtlich fressen sie jeden sofort auf. Ihr müsst ihnen entkommen – und zwar schnell!

Aber wie? Ihr wisst, dass jeden Tag genau um 18 Uhr ein Hubschrauber kommt, der Wanderer einsammelt – aber auf der anderen Seite einer Hängebrücke, die über eine tiefe Felsschlucht führt.

Ihr lauft, so schnell ihr könnt, zur Brücke, einer schwankenden, lückenhaften Konstruktion, unter der es fast 1.000 Meter steil in die Tiefe geht. Es dürfen immer nur 2 Personen gleichzeitig hinübergehen. Weil es bereits dunkel ist, die Brücke so viele Löcher hat und ihr nur eine einzige Taschenlampe habt, muss die Taschenlampe immer vor und zurück über die Brücke getragen werden.

Du erklärst: „Wir schaffen das, wenn wir logisch denken. Es dürfen nie mehr als 2 Leute gleichzeitig auf der Brücke sein. Und wir wissen aus dem Sportunterricht, dass einige von uns schneller sind als die anderen. Ich glaube, dass ich in 1 Minute hinüberkomme, Bella in 2 Minuten, Carlos in 3 und Arnie in 8 Minuten."

Es ist schon 17.44 Uhr! Ihr müsst euch sputen, wenn ihr rechtzeitig zum Hubschrauber kommen wollt!

Kannst du herausfinden, wie ihr alle 4 über die Brücke kommt – immer 2 gleichzeitig –, sodass ihr um 18 Uhr den Hubschrauber erreicht und bei jedem Hinübergehen die Taschenlampe benutzt werden kann?

EUKLIDS RATSCHLAG

Notiere alles, was du weißt:

- **Bevor du auf die Brücke rennst, denk dran, dass für jede Überquerung zuerst jemand von drüben zurückkommen muss (mit der Taschenlampe).**

HINWEIS: Zeichne ein Bild, das dir hilft, dir jede Brückenüberquerung vorzustellen.

PLATZ ZUM RECHNEN

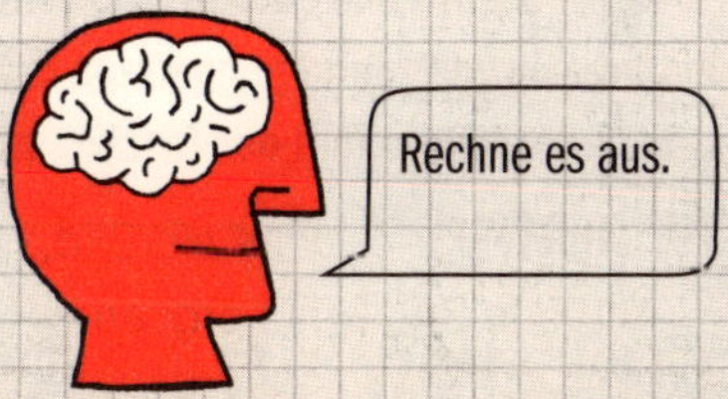

DIE LÖSUNG

IHR KÖNNT ES IN 15 MINUTEN ZUM HUBSCHRAUBER SCHAFFEN, HABT ALSO NOCH 1 MINUTE ÜBRIG. ES GIBT 2 MÖGLICHE LÖSUNGEN.

Löse das Problem Schritt für Schritt:

IHR HABT 16 MINUTEN, UM ALLE DIE BRÜCKE ZU ÜBERQUEREN.

18.00 – 17.44 = 16 Minuten

LÖSUNG A:

1. Du und Bella geht hinüber (2 Minuten weniger).

2. Du gehst mit der Taschenlampe zurück (2 + 1 = 3 Minuten weniger).

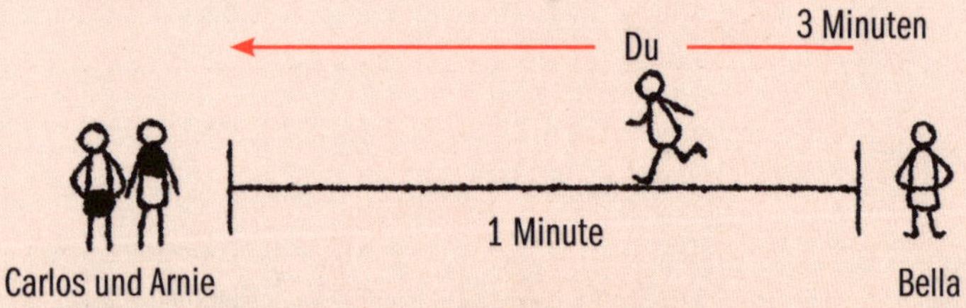

3. Carlos und Arnie gehen hinüber und lassen dich am Start zurück (3 + 8 = 11 Minuten weniger).

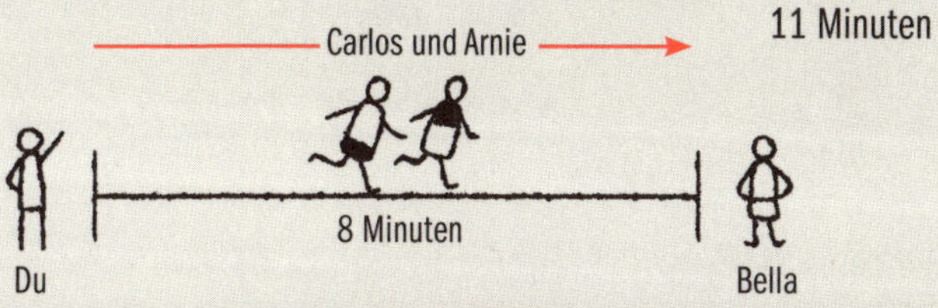

4. Bella geht mit der Taschenlampe zurück zum Start (11 + 2 = 13 Minuten weniger).

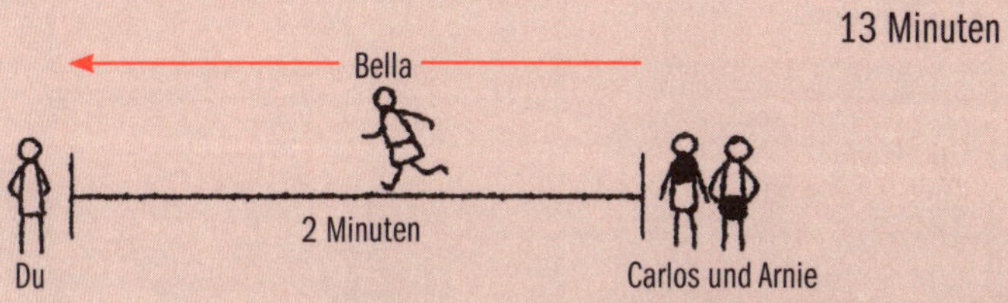

5. Du und Bella macht die letzte Tour über die Brücke (13 + 2 = 15 Minuten weniger).

6. Ihr schafft es in 15 Minuten zum Hubschrauber und habt noch 1 Minute übrig!

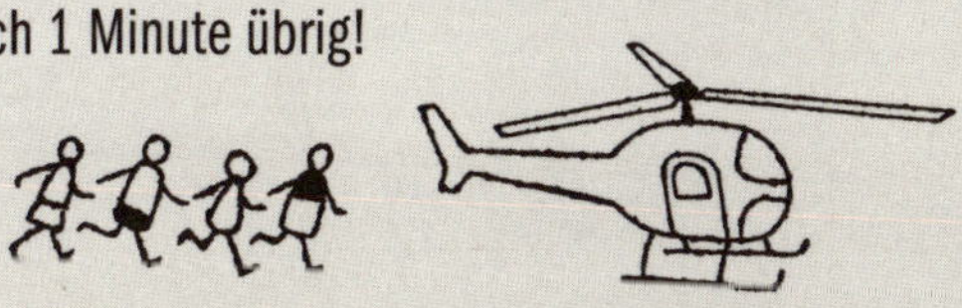

LÖSUNG B:

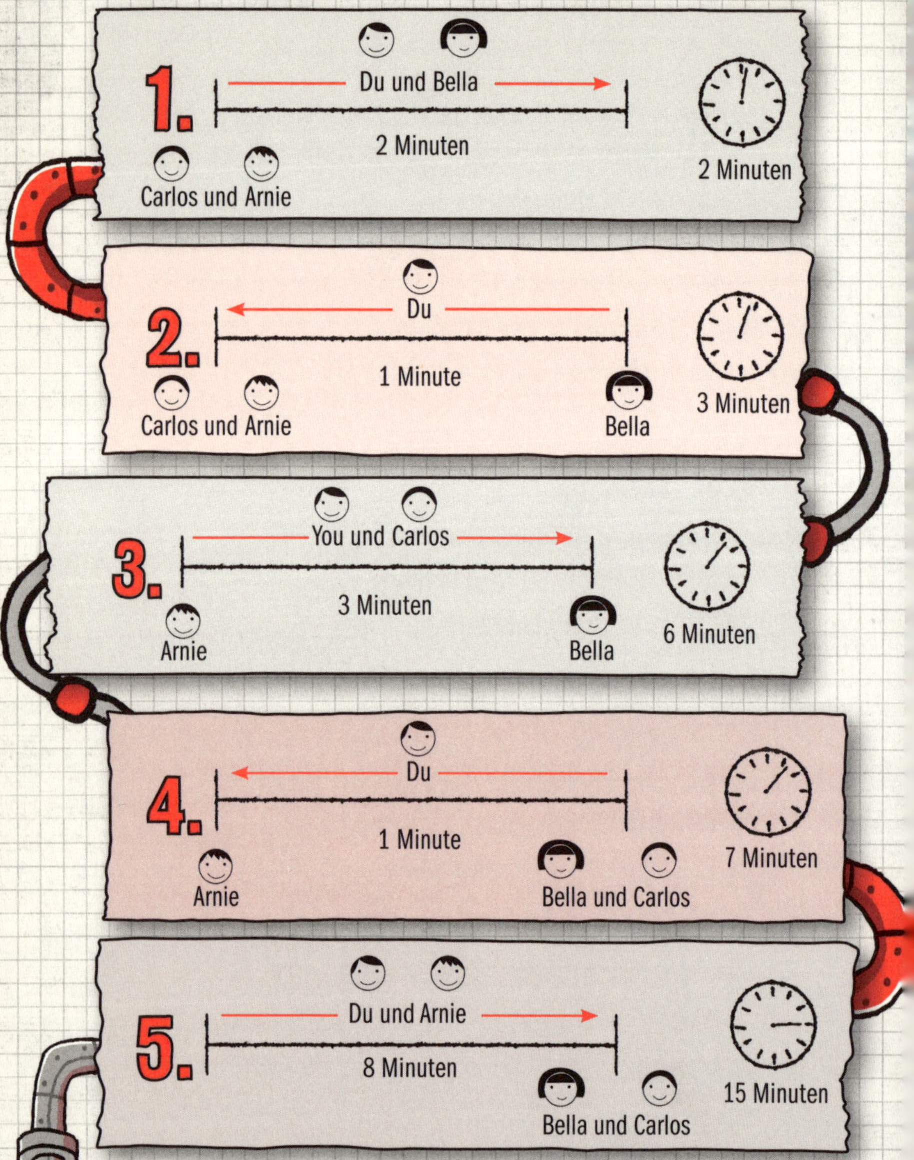

6. Ihr schafft es in 15 Minuten zum Hubschrauber und habt noch 1 Minute übrig!

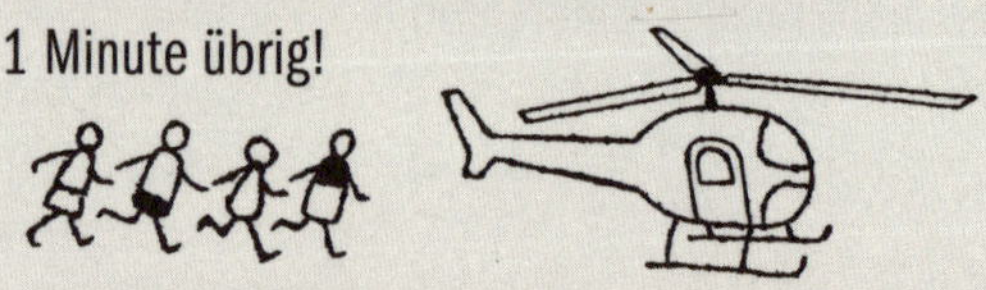

MATHE-LABOR

Bei der Lösung dieses Problems ging es darum, sich daran zu erinnern, wie schnell alle im Sportunterricht laufen konnten. Stoppt mal in der Schule gegenseitig eure Zeit, um zu sehen, wie lange deine Freunde dafür brauchen würden, über eine 120 m lange Hängebrücke zu gehen! Ihr braucht 30 m Platz vor euch – am besten macht ihr das Experiment also auf dem Spiel- oder Sportplatz.

DU BRAUCHST

- 1 MASSBAND
- KREPPBAND ODER KREIDE
- 1 STIFT ODER BLEISTIFT
- EINIGE FREUNDE (DEREN GEHGESCHWINDIGKEIT GESTOPPT WIRD)
- 1 STOPPUHR

DER VERSUCH

1. Als Erstes musst du auf dem Boden eine Strecke von 30 m markieren. Klebe alle 1,50 m einen kleinen Streifen Kreppband auf den Boden.

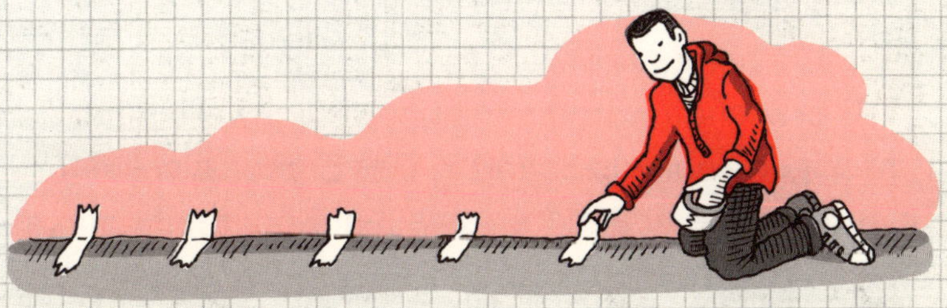

2. Beschrifte diese Klebestreifen mit dem Stift: 1,50 m, 3 m, 4,50 m usw.

3. Der erste Mitspieler stellt sich am Start auf. Beim Startsignal des Zeitnehmers beginnt er, in seinem normalen Tempo zu gehen.

4. Wenn die Stoppuhr 8 Sekunden erreicht, ruft der Zeitnehmer „Stopp!“

5. Schreibt die gegangenen Meter auf und wiederholt die Schritte 3 und 4 mit allen Freunden. Schreibt von allen die gegangenen Strecken auf.

6. Ihr habt jetzt für jeden eine Zahl, die euch sagt: „xy ging x Meter in 8 Sekunden.“

7. Wenn die Hängebrücke 120 m lang ist: Rechne aus, wie lange jeder deiner Freunde für die Überquerung brauchen würde. Erstelle dazu eine simple Gleichung: Teile 120 durch x (die gegangenen Meter). Das sagt dir, wie viel länger 120 m sind im Verhältnis zu den gegangenen Metern.

8. Um herauszufinden, wie lang alle für die 120 Meter brauchen würden, multipliziere jeweils 8 mit der jeweiligen Zahl aus Schritt 7. Das Ergebnis sollte für jeden Mitspieler anders ausfallen. Könntet ihr anhand dieser Informationen ein System für die Überquerung der Hängebrücke wie in der Aufgabe erstellen?

MATHE-MAGIE

GEHEIMWISSEN? NEIN, GAUSS!

Eine der besten Anekdoten in der Geschichte der Mathematik handelt von einem strengen Lehrer und einem schlauen Jungen. Der deutsche Mathematiker Carl Friedrich Gauß war sieben Jahre alt und besuchte die erste Klasse. Sein Mathelehrer, Herr Büttner, stellte gern sehr schwierige Aufgaben.

Herr Büttner sagte den Kindern, sie sollten die Summe aller Zahlen von 1 bis 100 ausrechnen. Er machte es sich am Lehrerpult bequem, und als er aufschaute, kritzelten die Schüler fleißig auf ihre Schiefertafeln. Na ja, alle bis auf einen: Carl saß still da, die Hände gefaltet. Die Tafeln, die Herr Büttner dann einsammelte, waren voller Zahlen und Korrekturen. Wieder war Carl die Ausnahme.

Auf seiner Tafel stand einfach nur 5.050 – die richtige Lösung!

WIE HAT ER DAS GEMACHT?

Wie viele andere große Denker war Carl gut darin, einfache Lösungen zu finden. Er hatte schnell gemerkt, dass die Summe der ersten und der letzten Zahl (1 und 100) 101 ist. Die Summe der zweiten und der vorletzten Zahl (2 und 99) ist ebenso 101. Würde man so weitermachen, würde jedes Paar 101 ergeben:

$$\begin{array}{rrl} 1 & 2 & 3\ldots\ 50 \\ +100 & +99 & +98\ldots +51 \\ \hline 101 & 101 & 101\ldots 101 \end{array}$$

Es gibt 50 Paare, und jedes ergibt 101 - die Summe ist also 50 x 101 = 5.050. Einfach! (Wenn man ein siebenjähriges Genie ist ...).

VOL. BASS TREBLE

14

ÜBERLEBENSCHANCE: GERINGE BIS KEINE CHANCE

ÜBERLEBENSSTRATEGIEN: GEOMETRIE (FLÄCHENBERECHNUNG)

TOD DURCH: EINEN ZORNIGEN ONKEL

DIE POSSEN DER PUNKBAND

DAS PROBLEM

Deine Band hat gerade den lokalen Bandwettbewerb gewonnen: einen Plattenvertrag mit einem unabhängigen Label und ein Preisgeld! Um das zu feiern, macht ihr Ferien in der kleinen Strandwohnung deines Onkels in Florida, während er unterwegs ist. Solange ihr eure Fahrt bezahlt und die Wohnung blitzsauber hinterlasst (er ist ein Sauberkeitsfanatiker!), hat er kein Problem damit. Günstige Ferien!

Alles läuft super – jedenfalls bis zum Tag vor der geplanten Rückkehr deines Onkels. Du stehst auf und willst Frühstück machen. Igitt! Irgendwas klebt an deinem Fuß – an beiden Füßen! Du setzt dich wieder aufs Bett und stellst fest, dass deine Fußsohlen schwarz sind!

„Äh, Leute – was ist mit dem Fußboden los?“, fragst du deine Bandkollegen.

„April, April!“, rufen sie. „Es ist Scherzfarbe, man kann sie einfach mit dem Staubsauger wegsaugen. Wir haben jedes Zimmer ‚bemalt‘!“

„Seid ihr sicher, dass es Scherzfarbe ist?“, fragst du. Denn die Farbe macht keine Anstalten, von deinen Füßen abzugehen.

Einer schnappt sich die Farbdose und liest vor: „Strapazierfähige Theaterfarbe. Trocknet in 8 Stunden. Nicht auf Holz, Keramik und Kleidung anwenden. Ups!“

Tja, scheint nun doch nicht so ein günstiger Aufenthalt zu werden: Jetzt müsst ihr in der ganzen Wohnung den Fußbodenbelag austauschen – bevor dein Onkel morgen wieder da ist. Der einzige Baumarkt, der noch geöffnet hat, schließt in 30 Minuten, und ihr werdet 20 Minuten dorthin brauchen. Ihr müsst jetzt ganz schnell ausmessen, wie groß jedes Zimmer ist, damit ihr die richtige Menge an Bodenbelag kaufen könnt. Ihr messt nur das Allernötigste und springt dann ins Auto.

Hier ist der Grundriss der Wohnung mit euren Ausmessungen:

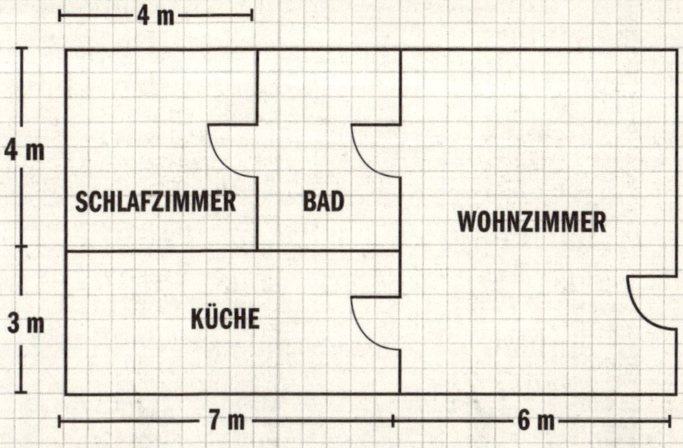

Werdet ihr mit diesen Informationen dem Verkäufer im Laden die genauen Maße jedes Zimmers geben können? Wenn ja: Wie viel Bodenbelag müsst ihr für jedes Zimmer kaufen?

DIE FLÄCHE EINES RECHTECKS

Die Fläche eines Rechtecks (4 Seiten, überall rechte Winkel) auszurechnen, ist einfach: Multipliziere die Länge (*a*) mit der Breite (*b*).

$$A = a \times b$$

EUKLIDS RATSCHLAG

Dieses Problem ist ein gutes Beispiel dafür, wie dir „andere" Informationen (in diesem Fall die Maße anderer Räume) dabei helfen können, fehlende Informationen auszurechnen. Notiere alles, was du weißt:

- **Zum Glück hat jedes Zimmer 4 rechte Winkel.**
- **Das Schlafzimmer ist ein Quadrat (4 x 4 m).**
- **Die Küche ist ein Rechteck (3 x 7 m).**

PLATZ ZUM RECHNEN

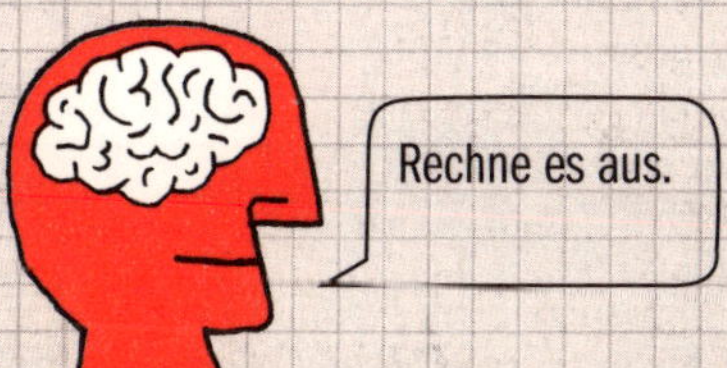
Rechne es aus.

DIE LÖSUNG

JA, IHR KÖNNT EXAKTE MASSE ANGEBEN. IHR MÜSST 16 QUADRATMETER BODEN FÜR DAS SCHLAFZIMMER, 12 QUADRATMETER FÜR DAS BAD, 21 QUADRATMETER FÜR DIE KÜCHE UND 42 QUADRATMETER FÜR DAS WOHNZIMMER KAUFEN.

Löse das Problem Schritt für Schritt (oder in diesem Fall: Zimmer für Zimmer):

1. Schließe zuerst die Lücken bei den Maßen der Zimmer. Weil alle Zimmer rechte Winkel haben, sind die parallelen Seiten jedes rechteckigen Zimmers gleich lang. Das heißt, ihr habt alle Informationen, die ihr braucht, um die fehlenden Maße zu finden (schaut dazu auf den Grundriss):

Schlafzimmer: 4 m lang x 4 m breit

Bad: 4 m lang x 3 m breit

Küche: 7 m lang x 3 m breit

Wohnzimmer: 7 m lang x 6 m breit

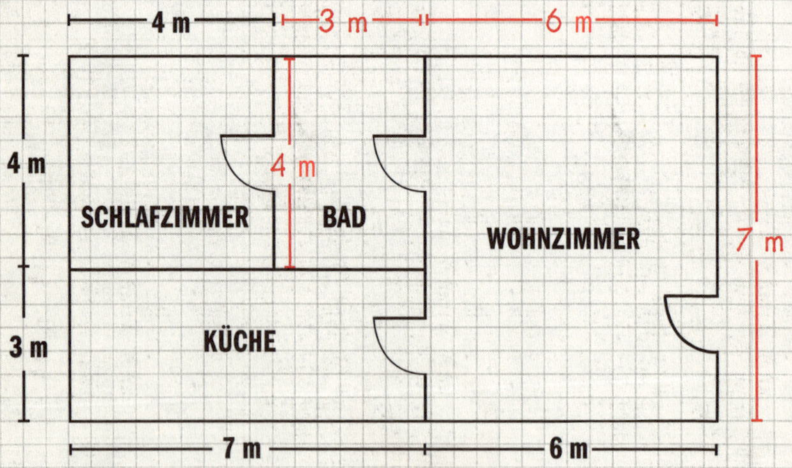

2. Rechne nun die Fläche jedes Zimmers aus – mit der Formel für das Rechteck: **Fläche = Länge x Breite**.

Schlafzimmer: 4 x 4 m = 16 m^2

Bad: 4 x 3 m = 12 m^2

Küche: 7 x 3 m = 21 m^2

Wohnzimmer: 7 x 6 m = 42 m^2

Eure schnellen Messungen haben ausgereicht! Ihr könnt die richtige Menge Bodenbelag einkaufen, bevor dein Onkel zurückkommt.

MATHE-LABOR

Bei diesem Versuch dreht sich alles ums Messen und um Flächen. Statt in Quadratmetern rechnest du hier aber in Quadratzentimetern. Denk nur daran, dass die Fläche eines Rechtecks die Länge mal die Breite ist ($A = a \times b$). Und dass ein Quadrat ein spezielles Rechteck ist, dessen Länge dieselbe ist wie die Breite.

DU BRAUCHST

- 1 BLATT TONPAPIER, AUF EINE GRÖSSE VON 16 X 22 CM GESCHNITTEN
- 1 LINEAL
- 1 SCHERE

DER VERSUCH

1. Lege das Papier auf einen Tisch und nimm das Lineal zur Hand.

2. Deine Aufgabe ist es, das ganze Papier zu verwenden, um daraus 4 Formen zu machen: 2 Rechtecke (jedes mit einer Fläche von 112 cm^2) und 2 Quadrate (jedes mit einer Fläche von 64 cm^2).

HINWEIS: Verwende zum Ausrechnen der Längen und Breiten der Rechtecke und Quadrate die Formel für die Fläche eines Rechtecks.

3. Nun bist du dran mit Messen und Schneiden. Findest du die Maße der Formen heraus?

DIE LÖSUNG: **DIE 2 RECHTECKE SOLLTEN JEWEILS 8 X 14 CM GROSS SEIN UND DIE 2 QUADRATE 8 X 8 CM.**

MATHE-MAGIE

DIE VIER NEUNEN

Hier kommt ein schnelles Mathe-Rätsel:

Erstelle eine Gleichung, die gleich 100 ist und in der 4 Neunen vorkommen..

Kommst du in 2 Minuten (oder weniger) drauf?

Lösung: $99 + (\frac{9}{9}) = 100$

ROUTE
66

15

ÜBERLEBENSCHANCE: GERINGE BIS KEINE CHANCE

ÜBERLEBENSSTRATEGIEN: PROPORTIONALE GLEICHUNGEN

TOD DURCH: MUTTER NATUR

TÖDLICHER TORNADO

DAS PROBLEM

Du rennst eine ebene Landstraße in Kansas, USA, entlang. Dir auf den Fersen ist der vielleicht größte Tornado der Saison – und er kommt immer näher.

Du denkst dir: Stimme nie wieder einem Vorschlag zu, der so anfängt: „Hey, Lieblingsschwester, kannst du mir einen Gefallen tun?“

SUPERZELLEN

Manchmal wachsen Wolken, die zu Gewitterwolken werden, zu noch größeren Gebilden heran. Diese Riesenwolken können sogenannte Superzellen bilden – extrem hohe, dunkle Wolkentürme. Bei ihnen ist alles größer: die Regen- oder Hagelmenge, die Häufigkeit der Blitze und, am wichtigsten, die Geschwindigkeit des Windes. Superzellen sind die großen Sturmwolken, aus denen Tornados entstehen.

Denn alles begann, als dein Bruder Will, der sich als mutigen „Sturmjäger“ sieht, dich bat, ihn zum Dorf McClintock zu begleiten. Unglücklicherweise hast du eingewilligt. Als ihr McClintock erreicht, ist dort die Hölle los. Schnell wendet ihr euch westwärts aus dem Dorf hinaus und rennt, so schnell ihr könnt. Im Radio heißt es, der Tornado bewege sich mit einer Geschwindigkeit von 48 km/h ebenfalls nach Westen und dass jeder schnellstmöglich Schutz suchen solle.

Es gibt mehrere Tornado-Schutzhütten in der Gegend, aber irgendwie sind die bei Sonnenschein leichter zu finden als jetzt. Blitz – krach! Blitz und Donner kündigen den herannahenden Tornado an. Du fängst instinktiv an zu zählen. Bis das Donnergeräusch euch erreicht, vergehen 50 Sekunden. Will, der Amateur-Sturmjäger, weiß, dass der Schall dort, wo ihr seid, etwa 0,4 km pro Sekunde schnell ist.

Wie lange könnt ihr noch nach einem Schutzraum suchen, bevor alles vom Tornado hinweggefegt wird – auch du und Will?

EUKLIDS RATSCHLAG

Notiere alles, was du weißt:

- **Der Tornado kommt mit 48 km pro Stunde auf euch zu.**
- **Das Geräusch des Donners braucht 50 Sekunden, um euch zu erreichen.**
- **Den Blitz siehst du fast in der Sekunde, in der er blitzt, weil Licht so schnell ist.**
- **Das Geräusch des Donners braucht für die gleiche Distanz 0,4 km pro Sekunde.**

PLATZ ZUM RECHNEN

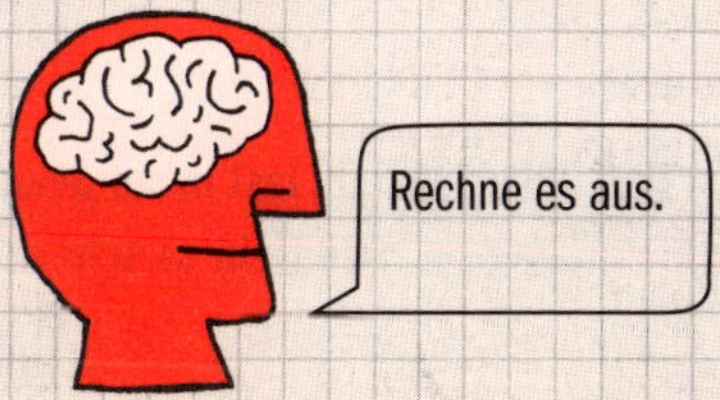

DIE LÖSUNG

IHR HABT NOCH 25 MINUTEN, UM EUCH VOR DEM TORNADO IN SICHERHEIT ZU BRINGEN.

Löse das Problem Schritt für Schritt:

1. Finde zuerst heraus, wie weit der Tornado noch weg ist. Wenn Schall 0,4 km pro Sekunde schnell ist ($\frac{0{,}4}{1}$), erstelle eine proportionale Gleichung, um zu errechnen, wie viele Sekunden es dauert, bis er 1 km zurücklegt. Nennen wir diese Variable *g*.

$$\frac{0{,}4}{1} = \frac{1}{g}$$

$$0{,}4 \times g = 1$$

$$g = \frac{1}{0{,}4}$$

$$g = 2{,}5 \text{ Sekunden}$$

Der Schall braucht also 2,5 Sekunden, um 1 km zurückzulegen.

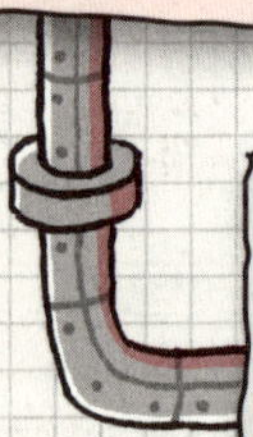

2. Das Geräusch des Donners brauchte bis zu euch 50 Sekunden. Wenn Schall 1 km in 2,5 Sekunden zurücklegt, teile 50 durch 2,5, um zu errechnen, wie viele km der Schall zurückgelegt hat (wie weit der Tornado also von euch entfernt ist).

$$50 \div 2{,}5 = 20 \text{ km}$$

Der Tornado ist also noch 20 km weit weg.

3. Als Nächstes rechne aus, wie lange der Tornado brauchen wird, um euch zu erreichen. Ihr wisst, dass er 48 km in der Stunde (60 Minuten) zurücklegt, also erstelle wieder eine proportionale Gleichung, um herauszufinden, wie viele Minuten der Tornado brauchen wird, um 20 km zurückzulegen. Nennen wir diese Variable *t*.

$$\frac{48}{60} = \frac{20}{t}$$

$$48 \times t = 1.200$$

$$t = 25 \text{ Minuten}$$

Ihr habt also 25 Minuten Zeit, einen Unterschlupf zu finden, bevor der Tornado euch erreicht.

MATHE-LABOR

Der Schall bewegt sich in Wellen durch die Luft fort – mit „Schallgeschwindigkeit“. Was bedeutet das wirklich? Schallwellen können eine bestimmte Entfernung in einer bestimmten Zeit zurücklegen. In „Tödlicher Tornado“ ist diese Geschwindigkeit 0,4 km pro Sekunde.

Hier kannst du auf spaßige Weise sehen, wie Wellen funktionieren. Es ist zwar nicht genau das Gleiche wie Schallwellen, aber immerhin zeigt dir dieser Versuch, wie sich Wellen im Wasser verhalten. Für ein gutes Ergebnis brauchst du eine recht große – und ruhige – Wasserfläche. Versuche also, mit deinen Freunden einen Teich oder ein Schwimmbecken für euch allein zu haben – vielleicht frühmorgens, bevor andere Leute kommen.

DU BRAUCHST

- 1 RUHIGE WASSERFLÄCHE
- 1 MASSBAND
- 2 LANGE STÖCKE ODER KLEINE STEINE
- 2 FREUNDE
- 1 STOPPUHR ODER ANDERE UHR

DER VERSUCH

1. Legt einen Startpunkt im Wasser, aber in Ufernähe fest, von dem aus ihr die Wellen messen wollt.

2. Messt vom Startpunkt aus am Ufer entlang 5 m ab und markiert diesen Punkt mit einem Stock oder einem Stein.

3. Einer deiner Freunde stellt sich nun an die 5-m-Marke (an Land) und der zweite Freund so nah wie möglich an den Startpunkt (auch an Land). Dieser zweite Freund sollte die Stoppuhr haben.

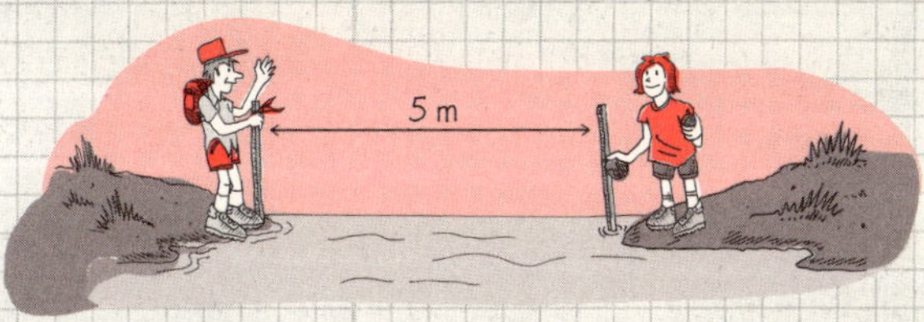

4. Auf ein Zeichen hin lässt du am Startpunkt einen Stein ins Wasser fallen oder tauchst einen Stock hinein. Der Freund mit der Stoppuhr sollte anfangen zu stoppen, wenn Stock oder Stein das Wasser berührt.

5. Der zweite Freund sollte „Stopp!“ rufen, wenn die erste, äußere Welle die 5-m-Marke erreicht. Probiert das ruhig mehrmals.

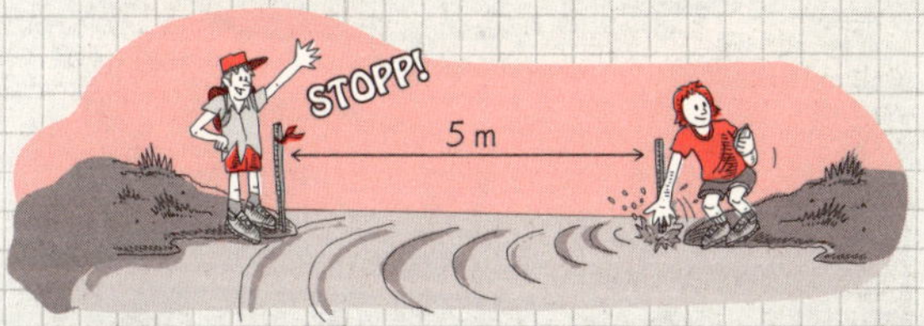

6. Ihr habt nun eine Zahl, die euch sagt, wie lange die Welle für eine Entfernung von 5 m gebraucht hat.

7. Wie lange würde die Welle dafür brauchen, 100 m zurückzulegen?

8. Verwende zum Schluss deine Lösung für 100 m, um abzuschätzen, wie lange die Welle für 1.000 m, also 1 km, brauchen würde. Ist das schneller oder langsamer als Schallgeschwindigkeit?

DIE LÖSUNG: UM HERAUSZUFINDEN, WIE LANGE DIE WELLE FÜR 100 M BRAUCHT, MULTIPLIZIERE DEN WERT AUS SCHRITT 6 MIT 20. MULTIPLIZIERE DIESES ERGEBNIS DANN MIT 10, UM DIE ZAHL FÜR 1 KM ZU ERHALTEN.

< PLANETEN VERTEIDIGUNG >
500
B
R
π
6P
W
D 8000.00
C = π D
37.680 km
HAL9001
A 05 / 11 / B 09 22 / C 01 04 :00:00:02

16

ÜBERLEBENSCHANCE: GERINGE BIS KEINE CHANCE

ÜBERLEBENSSTRATEGIEN: GEOMETRIE (UMFÄNGE)

TOD DURCH: ASTEROIDEN

ZERSTÖRE DEN ASTEROIDEN

DAS PROBLEM

Wir schreiben das Jahr 2133, und du bist Chefingenieur von ErdAbwehr, der intergalaktischen Organisation, die die Planeten unserer Galaxie vor allen möglichen Bedrohungen schützt. Bis jetzt hast du 17 Satelliten verdampft, die ihre Umlaufbahn verlassen hatten, und ein liegen gebliebenes Raumschiff gerettet, das auf dem Weg von der Marskolonie zurück zur Erde war.

Doch jetzt droht etwas Schlimmeres: ErdAbwehr hat einen großen, zerstörerischen

Asteroiden entdeckt, der sich direkt auf den Planeten Pydee zubewegt. Zum Glück hat deine Organisation eine Lösung: ein Glasfaserkabel, das wie ein Gürtel rund um Pydee herumgeschnürt wird. Nähert sich der Asteroid der Oberfläche von Pydee, wird ein elektromagnetischer Impuls durch das Kabel gesandt, der den Asteroiden in kleine Teile zerfallen lässt.

Du warst für das Herstellen dieses Gürtels verantwortlich. Dafür hast du die genauen geologischen Maße von Pydees Durchmesser herangezogen: 12.000 km. Außerdem hast du die Strecke rund um den Planeten (seinen Umfang) ausgerechnet – mit der Formel:

Der Umfang eines Kreises ist gleich seinem Durchmesser mal der Konstanten π (den griechischen Buchstaben *pi*).

Oder:

$U = \pi \times d$, wobei U für den Umfang und d für den Durchmesser des Kreises steht.

Pi (π) ist eine spezielle Konstante. Ihre dezimale Form, 3,141592653589 ..., hat kein Ende. Da das Hinschreiben all dieser Dezimalstellen ewig dauern würde, wird oft eine verkürzte Form von π verwendet, die auch du für deine Berechnung verwendet hast: 3,14. Die Ergebnisse stimmen dann fast genau.

Du hast die bekannten Zahlen (π und d) eingesetzt und herausbekommen:

$$U = 3{,}14 \times 12.000 = 37.680$$

Und genauso viele Kilometer Kabel hat dein Team produziert. Du erklärst das deinem Chef, der sagt: „Sie haben direkt entlang der Oberfläche von Pydee gemessen, nicht wahr?“

„Äh, ja“, antwortest du.

„Nun, wenn das Kabel den Planeten direkt berührt, wird der Elektroimpuls nach innen gehen, was sehr,

sehr schädlich wäre. Wir brauchen also einen Abstand von 50 cm zwischen Pydee und dem Kabel. Am besten produzieren Sie also ein Füllstück, eine Verlängerung, für das Kabel, aber beeilen Sie sich – der Asteroid ist schon sehr nah."

Du denkst: „Ein Füllstück?? Für etwas, das um einen ganzen Planeten herumgeht?"

Wie lang (in Metern, gerundet auf zwei Stellen nach dem Komma) muss das Füllstück werden? Kannst du das irgendwie mit einer linearen Gleichung herausfinden, damit du nicht mit so vielen Stellen rechnen musst?

LINEARE GLEICHUNGEN

Eine lineare Gleichung besteht aus zwei gleichen mathematischen Operationen. Ein oder mehrere Werte sind dabei aber unbekannt. Sie werden durch Buchstaben wie *x* oder *y* dargestellt. Warum sind lineare Gleichungen so hilfreich? Sie machen die Dinge einfacher! Du kannst die gleiche Rechnung in weniger Schritten durchführen. Und wenn du damit anfängst, Gleichungen mit mehr als zwei Unbekannten zu lösen, wirst du froh sein, zu wissen, wie man lineare Gleichungen konstruiert.

EUKLIDS RATSCHLAG

Bleib ganz cool und notiere alles, was du weißt:

- **Der Durchmesser von Pydee beträgt 12.000 km.**
- **1 km hat 1.000 m.**
- **Das bestehende Kabel ist 37.680 km lang.**
- **Das Kabel muss aber leider einen Abstand von 50 cm zu Pydees Oberfläche haben, sodass du zunächst einmal 1 m (50 cm auf jeder Seite des Kreises) zum Durchmesser hinzurechnen musst.**
- **Du musst herausfinden, wie viel größer der Umfang sein wird, nachdem du diesen zusätzlichen Meter eingebaut hast: Das Füllstück wird so lang sein wie diese zusätzliche Länge.**

HINWEIS: Eine lineare Gleichung wird dir hierbei wirklich helfen. Wenn du aber alle Rechnungen dieser Aufgabe ausführlich machen willst, rechne alles in Meter um und verwende einen Taschenrechner!

PLATZ ZUM RECHNEN

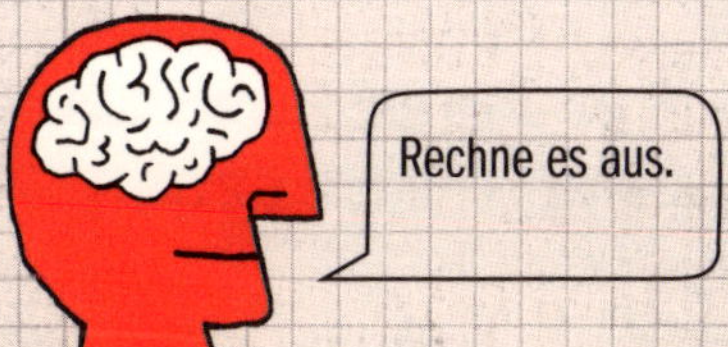
Rechne es aus.

DIE LÖSUNG

DU MUSST NUR π (3,14) ZUSÄTZLICHE METER KABEL EINFÜGEN!

Löse das Problem Schritt für Schritt:

1. Durch das Einfügen von 50 cm „Luft“ rundum wird 1 m (50 cm auf jeder Seite) zum Durchmesser des Planeten Pydee hinzugefügt. Bisher wurden die Maße aber in km angegeben, weil das Kabel so lang ist.

2. Du könntest die 12.000 km in m umrechnen (in m soll ja auch das Ergebnis sein), 1 m dazurechnen und das Ganze mal π (3,14) nehmen, um den neuen Umfang zu erhalten.

3. Du könntest aber auch weniger rechnen und stattdessen eine lineare Gleichung aufmachen. Du wirst feststellen, dass der Ursprungs-Durchmesser (*A*) für die Lösung gar nicht wichtig ist. Nenne den Ursprungs-Durchmesser also *A* und das neu hinzugefügte Stück Durchmesser *e*. Der Ursprungs-Umfang ist π x *A*.

4. Schreiben wir nun die Gleichung für den neuen Umfang auf. Dafür müssen beide Stücke des Durchmessers, *A* und *e*, addiert werden. Die Summe wird dann mit π multipliziert, und wir haben den neuen Umfang.

$$\pi \times (A + e) = \text{neuer Umfang}$$

5. Nutze die distributive Eigenschaft der Multiplikation, um die Gleichung so umzubauen:

$$\pi \times A + \pi \times e = \text{neuer Umfang}$$

6. Da du schon weißt, dass der Ursprungs-Umfang π x *A* ist, kannst du dies von der Gleichung abziehen, um die Länge des einzufügenden Kabels zu erhalten:

$$\text{neues Kabelstück} = \text{neuer Umfang} - \text{alter Umfang}$$
$$\text{Umfang} = (\pi \times A + \pi \times e) - \pi \times A = \pi \times e$$

Das heißt, dass der genaue Wert von *A* egal ist. Es fällt aus der Gleichung heraus. Alles, was du eigentlich tun musst, ist, die Gleichung zum Wert von π x *e* hin aufzulösen. Und wofür steht *e*? Für den zusätzlichen Meter Durchmesser. Die Länge des neuen Kabelstücks ist also:

$$\pi \times e = 3{,}14 \times 1 = 3{,}14 \text{ m}$$

Wow! Das heißt, dass das Füllstück nur 3,14 m lang sein muss, damit das ganze Kabel rundherum 50 cm Luft zur Planetenoberfläche hat!

7. Willst du das mal „richtig“ ausrechnen, um die Richtigkeit zu beweisen? Dann tipp die Zahlen in deinen Taschenrechner. Der muss aber 11 Stellen anzeigen können, sonst siehst du die richtige Lösung nicht. Vielleicht geht's ja auch mit Papier und Bleistift.

Zuerst schreiben wir den Ursprungs-Durchmesser in Metern auf: 12.000 km = 12.000.000 m. Wenn du an jeder Seite des Durchmessers die 50 cm addiert hast, also insgesamt 1 m, ist der neue Durchmesser 12.000001 m. Nun multiplizieren wir jede dieser großen Zahlen mit π, um den alten und den neuen Umfang zu erhalten:

$$12.000.000 \times 3{,}14 = 37.680.000$$

$$12.000.001 \times 3{,}14 = 37.680.003{,}14$$

Und jetzt ziehen wir den Ursprungs-Umfang vom neuen Umfang ab:

$$37.680.003{,}14 - 37.680.000 = 3{,}14$$

Das sind π Meter! Wahnsinn!

MATHE-LABOR

Bei dieser Aufgabe konnte man wirklich staunen und sich fragen, ob das Ergebnis tatsächlich stimmt. Aber es stimmt, und du kannst ähnlich verblüffende Ergebnisse auch mit eigenen Rechnungen erzeugen. Dazu wirst du nicht rund um einen Planeten reisen müssen, und du brauchst auch nicht in Kilometern, ja, nicht einmal in Metern zu rechnen: Auch Zentimeter werden dich überraschen!

Du erinnerst dich: Der Durchmesser (*D*) eines Kreises ist eine Linie, die den ganzen Kreis durchschneidet und dabei durch die Mitte läuft; der Radius (*r*) ist die Hälfte davon. Die Formel für die Berechnung des Kreisumfangs ist also entweder

$$U = \pi \times D \text{ oder } U = 2 \times r \times \pi$$

DU BRAUCHST

- 2 LEERE BLÄTTER PAPIER
- 1 ZIRKEL
- 1 SCHNUR (MINDESTENS 90 CM LANG)
- 1 LINEAL
- 1 BLEISTIFT

DER VERSUCH

1. Setze die Spitze des Zirkels in die Mitte eines Blattes Papier und miss genau 2 cm ab. Der Radius des Kreises wird also 2 cm betragen.

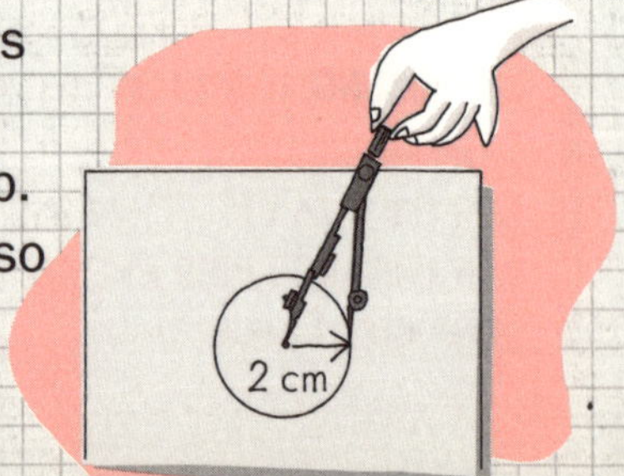

2. Zeichne nun sorgfältig den Kreis mit dem so eingestellten Zirkel.

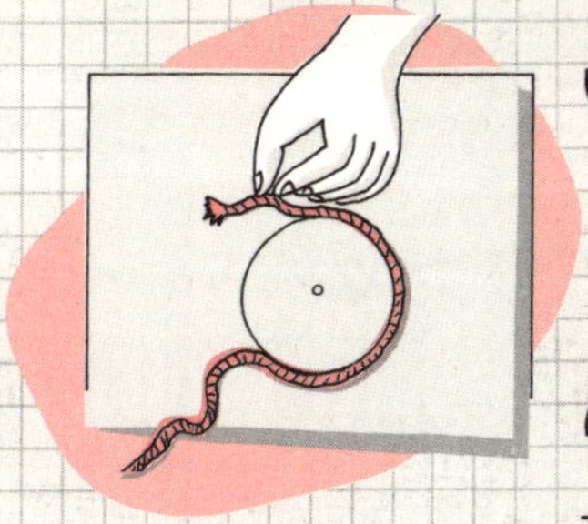

3. Miss mit der Schnur rund um den Kreis (also den Umfang). Markiere die Stelle auf der Schnur mit einem Punkt oder Ähnlichem.

4. Miss die Schnur mit dem Lineal, vom Schnurende bis zum Punkt. Schreibe dieses Maß auf das zweite Blatt Papier und daneben: „Durchmesser: 4 cm, Radius: 2 cm."

5. Nun ziehst du den Zirkel 0,5 cm weiter auf, sodass er auf 2,5 cm gestellt ist.

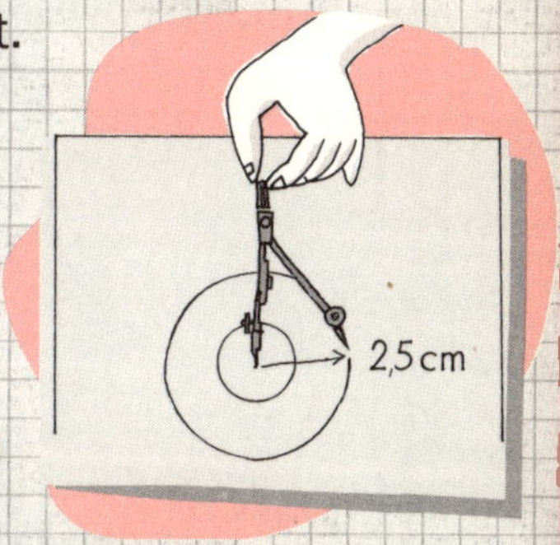

6. Ziehe einen Kreis mit diesem Radius, der denselben Mittelpunkt hat wie der erste Kreis.

7. Wiederhole die Schritte 3 und 4. Zeichne dann einen weiteren Kreis, dessen Radius noch einmal 0,5 cm größer ist, und schreibe die neuen Radius- und Durchmesserwerte auf.

8. Mache so weiter und verlängere den Radius jedes Mal um 0,5 cm.

9. Entdeckst du ein Muster bei der Größe der Kreise und der Art, wie Radius und Durchmesser größer werden?

DIE LÖSUNG: WENN DU DEN RADIUS UM 0,5 CM VERLÄNGERST (UND DEN DURCHMESSER DAMIT UM 1 CM), WIRD DER UMFANG JEDES MAL NUR UM 3,14 CM (π) GRÖSSER. WENN DU DIR DIE GLEICHUNG FÜR DEN UMFANG EINES KREISES NOCH EINMAL ANSCHAUST, ERGIBT DAS SINN, NICHT WAHR?

DRÜCKEN
und
WARTEN

17

ÜBERLEBENSCHANCE: GERINGE BIS KEINE CHANCE

ÜBERLEBENSSTRATEGIEN: ANALYTISCHES DENKEN

TOD DURCH: VERRÜCKTEN NACHBARN

DIE ZEIT VERRINNT …

DAS PROBLEM

Das Leben war so viel einfacher, als die einzigen „Superhirn-Bösewichte" diejenigen waren, die sich dein Vater so gern in James-Bond-Filmen anschaute. Wer hätte gedacht, dass du just in diesem Augenblick von einem dieser Sorte gefangen gehalten wirst, wo du doch eigentlich zum Fußballtraining müsstest?

KIELHOLEN

Diese grausame Bestrafung fürchteten die Matrosen im 17. und 18. Jahrhundert am meisten: Ein Matrose wurde an einem Tau festgebunden, über Bord gestoßen und dann unter dem Kiel (dem tiefsten Punkt des Schiffes) durchgezogen – entweder querschiffs oder längsschiffs. Viele Matrosen ertranken beim Kielholen; andere wurden schwer verletzt durch die spitzen Seepocken, die an der Unterseite des Schiffes klebten.

„Du magst mein kleines Haus, nicht wahr?“, fragt der alte Mann. „Schau dir all die Wunderdinge an: Schrumpfköpfe aus dem Südpazifik. Ein Wolfsschädel aus Norddakota. Und Sanduhren aus einem in der Karibik versunkenen Piratenschiff – dem von Rotbart. Die eine Sanduhr läuft 9 und die andere 13 Minuten, denn 9 Minuten dauerte es, einem Mann 100 Peitschenhiebe zu verpassen, und 13 Minuten brauchte Rotbart, um jemanden kielzuholen.“

„Morgen wirst du deine Bestrafung erfahren“, fährt er fort. „Und glaube ja nicht, dass du durch diese Tür entkommst. Um sie zu öffnen, musst du diesen Knopf drücken und dann genau 30 Minuten warten, bevor du ihn noch mal drückst. Versuch es zu früh oder mache es auch nur 30 Sekunden zu spät, und sie bleibt zu. Oh – ich nehme natürlich deine Uhr und dein Handy mit“, sagt er und knallt die Tür hinter sich zu.

Wie kannst du in mehreren Schritten die Sanduhren dazu verwenden, genau 30 Minuten abzumessen und so deine Flucht zu bewerkstelligen?

EUKLIDS RATSCHLAG

Notiere alles, was du weißt:

- **Die einzig echte Chance ist die Tür mit ihrer merkwürdigen Zeitschaltung.**
- **Du musst es irgendwie schaffen, exakt 30 Minuten abzumessen.**
- **Die einzigen Zeitmesser sind die beiden Piratenschiff-Sanduhren: Eine misst genau 9 Minuten, die andere genau 13 Minuten.**

HINWEIS: Zeichne eine Zeitleiste, um dir bei jedem Schritt zu helfen.

PLATZ ZUM RECHNEN

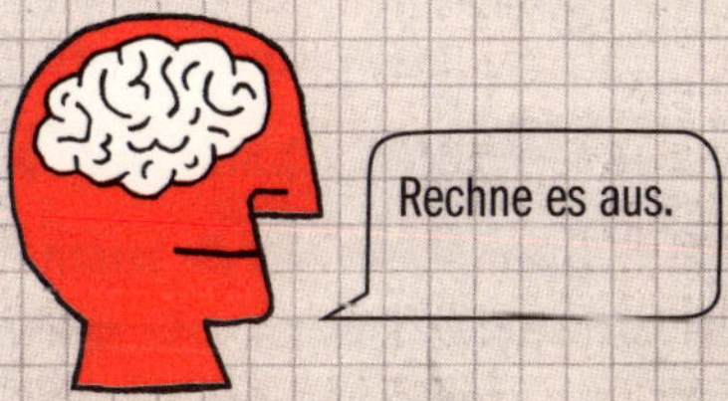

DIE LÖSUNG

DU KANNST DIE SANDUHREN SO KOMBINIEREN, DASS SIE GENAU 30 MINUTEN ABMESSEN.

Für dieses Problem gibt es mehr als eine Lösung. Hier ist einer der möglichen Lösungswege, Schritt für Schritt erklärt:

1. Stelle die beiden Sanduhren so auf, dass beide oben leer und unten voll sind.

2. Drehe beide Sanduhren um, um mit den 30 Minuten zu starten. Drücke schnell den Knopf an der Tür. Zeichnen wir eine Zeitleiste, um jeden Schritt aufzuzeichnen.

3. Wenn die kleine Sanduhr sich leert, drehe sie wieder um.
9 Minuten sind vergangen.

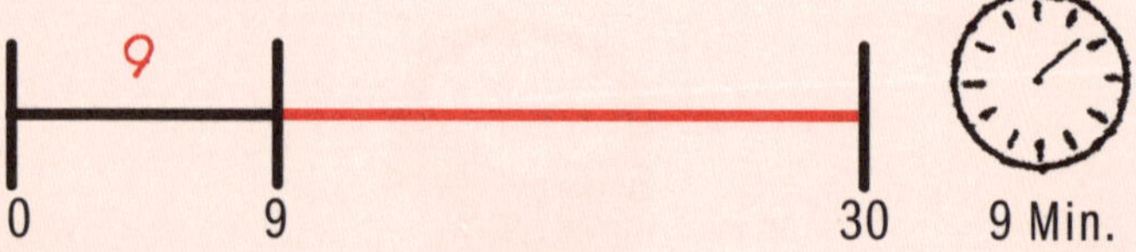

4. Wenn die große Sanduhr durchgelaufen ist, machst du gar nichts damit, sondern drehst die kleine wieder um.
13 Minuten sind vergangen.

ANMERKUNG: Du hast die kleine Uhr umgedreht, bevor sie durchgelaufen war. Dadurch hast du sie wieder auf genau die 4 Minuten zurückgestellt, die du auch gerade schon abgemessen hast.

5. Wenn die kleine Uhr sich leert, lass sie stehen und drehe stattdessen noch einmal die große Uhr um.

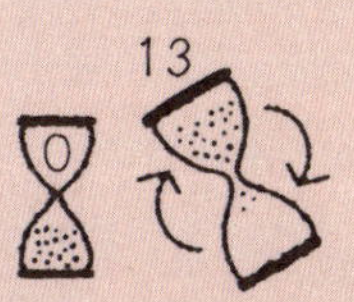

17 Minuten sind vergangen.

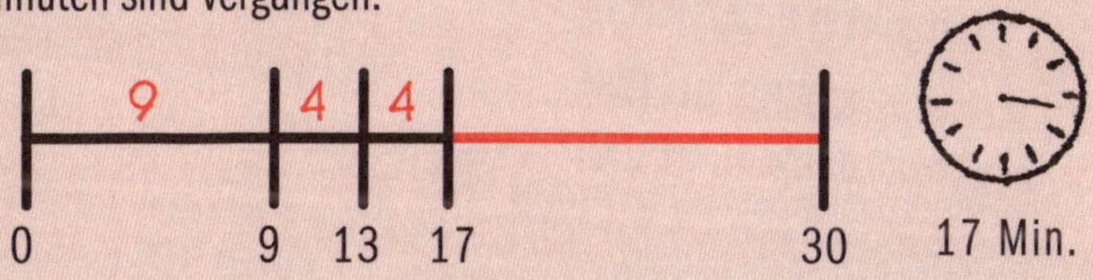

6. Die große Sanduhr braucht 13 Minuten, um ganz durchzulaufen.

Genau 30 Minuten sind vergangen.

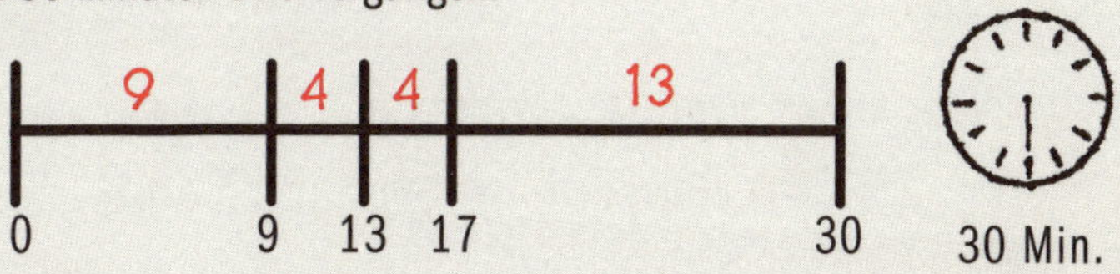

7. Drück wieder den Knopf an der Tür, um sie zu öffnen. Du bist frei!

MATHE-LABOR

Du verstehst die Aufgabe besser, wenn du selbst eine Sanduhr baust. Damit wirst du die Zeit zwar nicht sekundengenau messen können, aber immerhin ist eine Sanduhr ein konstanter Zeitmesser. Wenn du die Aufgabe nachstellen willst, musst du zwei Sanduhren mit verschiedenen Mengen Sand bauen, aber mache zum Üben erst mal eine.

DU BRAUCHST

- 1 ERWACHSENEN, DER DIR MIT DEN SPITZEN SACHEN HILFT
- 2 KLEINE, GLEICHE PLASTIKFLASCHEN, GESPÜLT UND ABGETROCKNET (JE KLEINER, DESTO BESSER)
- 1 TRICHTER
- ETWAS SAND (GENUG, UM EINE DER FLASCHEN ZUR HÄLFTE ZU FÜLLEN)
- 1 SCHARFES MESSER ODER 1 NAGEL UND 1 HAMMER
- 1 VERSCHLUSSKAPPE VON EINER DER FLASCHEN
- GEWEBEBAND (GAFFER TAPE)
- 1 UHR ODER STOPPUHR

DER VERSUCH

1. Fülle mithilfe des Trichters die eine Flasche halbvoll mit Sand.

2. Bitte einen Erwachsenen, dir dabei zu helfen, mit dem Messer oder dem Nagel in die Verschlusskappe ein kleines Loch zu bohren.

3. Schraube die Kappe auf die Flasche, in der der Sand ist.

4. Platziere die leere Flasche umgedreht so auf der Sandflasche, dass die beiden Flaschenöffnungen ganz gerade aufeinandersitzen.

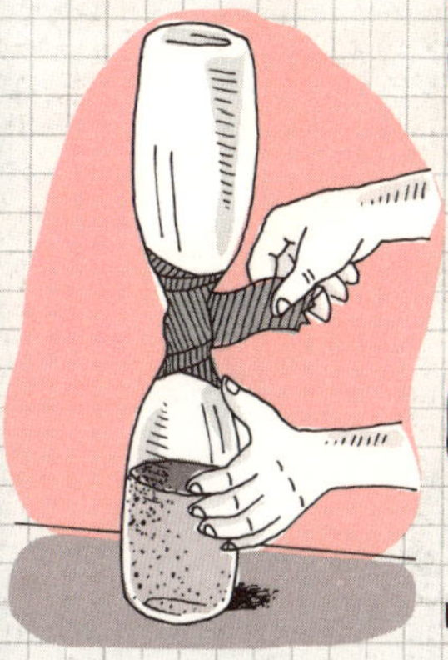

5. Klebe die Flaschenhälse sorgfältig mit dem Klebeband zusammen. Achte darauf, dass die Öffnung der leeren Flasche genau über der Verschlusskappe der anderen Flasche sitzt.

6. Vergewissere dich, dass die Flaschen sicher zusammengeklebt sind.

7. Check die Zeit auf einer Uhr und drehe die Sanduhr um. Vielleicht musst du das Unterteil der Sanduhr zuerst festhalten, damit es stehen bleibt.

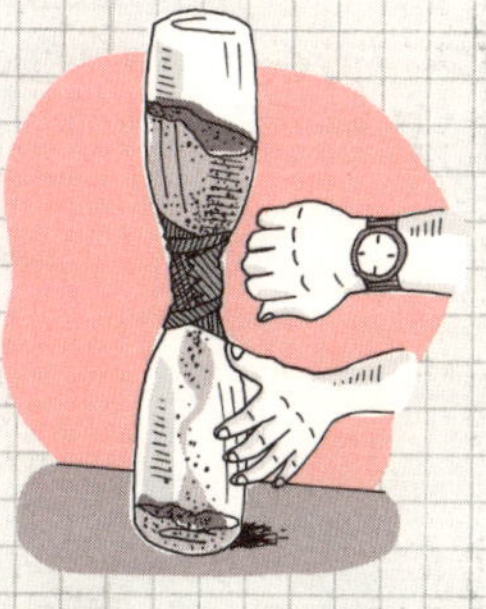

8. Check die Zeit wieder, wenn kein Sand mehr in der oberen Flasche ist. Dies ist also die Zeit, die diese Sanduhr misst.

9. Du kannst Sand hinzufügen, damit die Uhr länger läuft, oder Sand herausnehmen, damit sie kürzer läuft.

120
SEKUNDEN

18

ÜBERLEBENSCHANCE: GERINGE BIS KEINE CHANCE

ÜBERLEBENSSTRATEGIEN: PROPORTIONALE GLEICHUNG

TOD DURCH: ERSTICKEN IM RAUMSCHIFF

DER LETZTE COUNTDOWN

DAS PROBLEM

Die Weltraumbehörde NASA hatte dich für eine streng geheime Einmannmission ausgewählt, bei der du in der Erdumlaufbahn wertvolle Daten über einen Satelliten sammeln musstest. Niemand hat dir Details verraten, aber du bist ziemlich sicher, dass die CIA beteiligt ist, und daher muss das Ganze wirklich wichtig sein. Du hast die 14-stündige Mission gerade vollendet, bist wieder in die Erdatmosphäre eingetreten und wie geplant mitten im Atlantik gelandet. Ein naher Flugzeugträger sollte einen Rettungshubschrauber losschicken, um dich aus dem Meer zu fischen und sicher an Bord des Trägers zu bringen.

Aber da ist kein Hubschrauber. Gut, dass du nie in Panik gerätst (denn das ist jetzt wirklich eine Paniksituation ...): Egal, ob du dein Lieblingsbuch liest oder von einem Grizzlybären gejagt wirst, dein Puls liegt immer bei 72 Schlägen pro Minute.

Dann fällt dir noch etwas anderes auf: Du sitzt in einer luftdichten Kapsel fest. Du weißt, dass der Sauerstoff noch etwa 2 Minuten reicht, also solltest du die Luke irgendwie selbst öffnen. Du überdenkst, was du weißt und was du zu tun hast.

Zunächst: Die Luke hat einen eingebauten Schutzmechanismus, sodass man sie nicht versehentlich öffnen kann. Du musst eine Kombination eingeben und dann exakt 35 Sekunden warten, bevor du den Hebel zum Öffnen betätigst. Eine Sekunde zu früh oder zu spät, und du musst von vorn anfangen. Doch leider hast du vor 14 Stunden deine Uhr abgelegt und damit deine einzige Möglichkeit der Zeitmessung verspielt. Oder doch nicht?

Wenn du die Informationen zu Hilfe nimmst, die du hast: Wie kannst du exakt 35 Sekunden abmessen?

EUKLIDS RATSCHLAG

Notiere alles, was du weißt:

- **Dein Herz schlägt konstante 72 Schläge die Minute, egal, was passiert.**
- **Du hast noch 2 Minuten Luft übrig.**
- **Du musst exakt 35 Sekunden warten, nachdem du den Code eingegeben hast und bevor du die Luke der Kapsel öffnest.**

PLATZ ZUM **RECHNEN**

DIE LÖSUNG

ZÄHLE 42 DEINER HERZSCHLÄGE UND ÖFFNE DANN DIE LUKE.

Löse das Problem Schritt für Schritt:

1. Da du auch unter Druck immer ruhig bleibst, bleiben deine Herzschläge regelmäßig und können daher anstelle einer Uhr verwendet werden. Dein Herz schlägt 72 Mal pro Minute. Stelle ein Verhältnis (als Bruch) auf, um diese Daten darzustellen.

$$\frac{72 \text{ Schläge}}{60 \text{ Sekunden}}$$

2. Und nun stelle ein Verhältnis auf, um herauszufinden, wie oft dein Herz in 35 Sekunden schlägt. Nennen wir diese Variable *h*.

$$\frac{h \text{ Schläge}}{35 \text{ Sekunden}}$$

3. Da du nach einem Wert auflöst, der ein Teil eines Verhältnisses ist, das du schon kennst, sind diese beiden Verhältnisse proportional zueinander. Setze sie in Entsprechung zueinander.

$$\frac{72 \text{ Schläge}}{60 \text{ Sekunden}} = \frac{h \text{ Schläge}}{35 \text{ Sekunden}}$$

4. Multipliziere über Kreuz (Kehrwert) und löse nach *h* auf.

$$60h = 2.520$$
$$h = 42$$

Das heißt, dass dein Herz in 35 Sekunden 42 Mal schlägt.

Es ist gut, dass du auch unter Druck so ruhig bleiben kannst!

MATHE-LABOR

Deinen eigenen Puls kannst du leicht messen. Alles, was du brauchst, ist eine Stoppuhr oder Uhr, die Sekunden zählen kann. Lege Zeige- und Mittelfinger der einen Hand an die Innenseite deines Handgelenks, direkt unter dem Daumen. Bewege die Finger so lange vorsichtig herum, bis du ein leichtes Schlagen spürst – das ist dein Puls.

Lasse deine Finger auf dem Puls und zähle die Schläge exakt 30 Sekunden lang.

Wie kannst du mit diesen Daten deine Pulsfrequenz pro Minute (beats per minute, bpm) herausfinden?

DU BRAUCHST

- 1 UHR ODER STOPPUHR

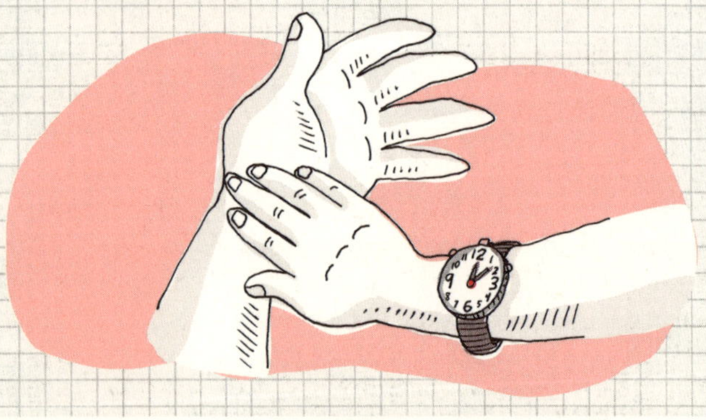

DIE LÖSUNG: **VERDOPPLE DAS ERGEBNIS, UND DU HAST DEINE PULSFREQUENZ PRO MINUTE (BPM).**

DER 1.089-TRICK

Hier kommt ein netter Trick, mit dem du einen Freund reinlegen kannst. Gib ihm (oder ihr) Bleistift und Papier, denn er muss ein wenig rechnen. Am eindrucksvollsten wirkt der Trick, wenn du selbst dabei die Augen verbunden hast und/oder mit dem Rücken zu deinem Freund stehst.

Am besten funktioniert es, wenn du laut ausrufst „Schritt 1“, „Schritt 2“ usw. und deinem Freund die Schritte Wort für Wort vorsagst. Übe das vorher, dann kannst du es auswendig:

Schritt 1: Denk dir eine 3-stellige Zahl mit kleiner werdenden Ziffern (von links nach rechts) und schreibe sie auf.

Schritt 2: Drehe die Zahl, die du aufgeschrieben hast, um, sodass die neue Zahl größer werdende Ziffern hat.

Schritt 3: Ziehe die Zahl aus Schritt 2 von der Zahl aus Schritt 1 ab.

Schritt 4: Drehe die Zahl, die dabei herausgekommen ist, auch wieder um.

Schritt 5: Addiere die Zahlen aus Schritt 3 und 4.

An dieser Stelle verkündest du das Ergebnis: 1.089!

Es funktioniert immer, vorausgesetzt, es wird auch wirklich mit einer 3-stelligen Zahl gestartet, die kleiner werdende Ziffern hat.

SHOP
TAXI

19

ÜBERLEBENSCHANCE: DU BIST TOT

ÜBERLEBENSSTRATEGIEN: STRUKTUREN; GLEICHUNGEN

TOD DURCH: BLUTVERLUST

BESIEGE DIE VAMPIRE

DAS PROBLEM

Du hast nie an Vampire geglaubt – bis du selbst einen gesehen hast. Er ist neu in der Stadt, ein merkwürdiger Typ, der sich bis jetzt anscheinend von den Straßenkatzen in der Nachbarschaft ernährt hat. Leider hat ihn noch niemand außer dir gesehen. Und keiner glaubt dir – bis auf deinen Freund Jamie, der zufällig Vampirexperte ist. Laut

Jamie kommen Vampire nur nachts heraus, und sie brauchen nur 2-mal im Monat Nahrung. Nahrung heißt, das Blut eines Menschen auszusaugen, und am Ende wird dieser auch zum Vampir. Einen Monat später werden dann auch diese neuen Vampire in der Lage sein, jeweils 2 weitere Menschen zu Vampiren zu machen.

„Die Katzen sind nur die Vorspeise", erklärt Jamie. „Beim nächsten Vollmond wird er nach Menschenblut suchen. Gut, dass wir nur 1 Vampir in der Stadt haben. Was kann ein einzelner Vampir schon anrichten?"

„Eine Menge!", antwortest du. „In dieser Stadt leben 500.000 Menschen, richtig? Das heißt, wenn wir den Vampir nicht vor dem nächsten Vollmond zur Strecke bringen, wird unsere Stadt schon bald komplett von Vampiren übernommen werden!" Jamie glaubt dir nicht, und deshalb musst du es ihm beweisen.

Wenn die Vampire sich nur von Menschen eurer Stadt ernähren: Wie viele Monate wird es ungefähr dauern, bis die gesamte 500.000-Einwohner-Stadt nur noch von Vampiren bewohnt wird?

EUKLIDS RATSCHLAG

Denk an „hoch 3": Es kann alles ziemlich schnell außer Kontrolle geraten, wenn die Zahlen sich immer weiter verdreifachen. Sobald du das Muster raushast, nach dem sich die Vampire vermehren, könnte eine lineare Gleichung helfen. Du wirst 2 Variablen vergeben müssen, 1 für die jetzige Anzahl der Vampire (die du ja kennst) und 1 andere für die neue Anzahl der Vampire (der Wert, zu dem hin du auflösen willst). Erstelle dann eine Tabelle, um deine Daten zu ordnen.

Doch zuerst: Notiere alles, was du weißt:

- **Im Moment gibt es nur 1 Vampir in der Stadt.**
- **In der Stadt leben 500.000 Menschen.**
- **Jeden Monat saugt 1 Vampir 2 Menschen aus und verwandelt sie in Vampire.**

PLATZ ZUM RECHNEN

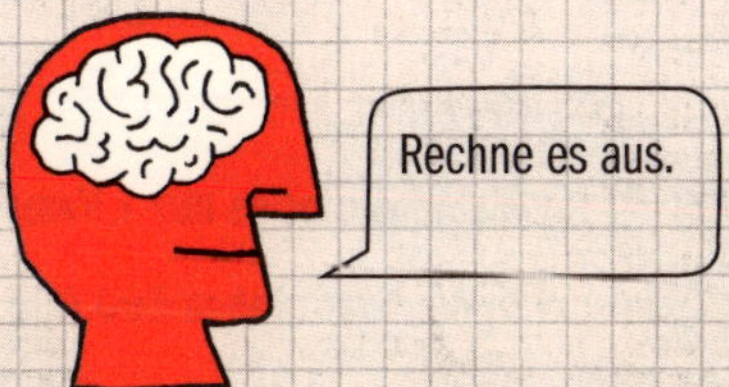

DIE LÖSUNG

IN 12 MONATEN WIRD DIE GANZE STADT NUR NOCH AUS VAMPIREN BESTEHEN.

Löse das Problem, Schritt für Schritt:

1. Finde zuerst das Muster. Überlege, dass sich die Vampirpopulation jeden Monat verdreifacht, weil jeder Vampir 2 Menschen beißt und beide zu Vampiren macht.

2. Am Ende eines Monats werden 2 Menschen zu Vampiren geworden sein.

1 × 2 = 2 Vampire

Addiere diese 2 zum ursprünglichen Vampir: Die gesamte Vampirpopulation besteht jetzt aus 3 Vampiren.

2 + 1 = 3 Vampire

3. Im darauffolgenden Monat wird jeder der 3 Vampire 2 weitere Menschen in Vampire verwandeln, also 6 neue Vampire.

3 × 2 = 6 Vampire

Addiere diese 6 zu den ursprünglichen 3: Die gesamte Vampirpopulation besteht dann aus 9 Vampiren.

6 + 3 = 9 Vampire

4. Diese 9 verwandeln am Ende des 3. Monats jeweils 2 weitere Menschen in Vampire und bringen die Vampirpopulation auf 27.

(9 × 2) + 9 = 27 Vampire

5. Erkennst du das Muster? Um die Gesamtzahl der Vampire in jedem Monat zu errechnen, multipliziere die momentane Anzahl der Vampire mit 2 und addiere dann die momentane Anzahl der Vampire zu dieser Zahl. Dann erhältst du die neue Anzahl der Vampire in diesem Monat. Als Gleichung würde das so aussehen:

v = die momentane Anzahl der Vampire

x = die Gesamtanzahl der Vampire

$$(v \times 2) + v = x$$

6. Um nach x aufzulösen (der Gesamtzahl der Vampire), multiplizierst du also die momentane Anzahl der Vampire (v) mit 2 und addierst dann v, um x zu erhalten.

Mache so weiter, bis du ausgerechnet hast, wie viele Monate es dauern wird, mindestens so viele Vampire zu erschaffen, wie es Einwohner gibt (500.000).

Monat	Momentane Vampire	Neue Vampire	Gesamtvampire
0	1	0	1
1	1	2	3
2	3	6	9
3	9	18	27
4	27	54	81
5	81	162	243
6	243	486	729
7	729	1.458	2.187
8	2.187	4.374	6.561
9	6.561	13.122	19.683
10	19.683	39.366	59.049
11	59.049	118.098	177.147
12	177.147	354.294	531.441

Wie du siehst, steigen die Zahlen rasant an. Jetzt kannst du Jamie zeigen, warum es wichtig ist, dass ihr diesen Vampir noch vor dem nächsten Vollmond kriegt!

MATHE-LABOR

Eine Geschichte aus Indien erzählt, wie das Schachspiel erfunden wurde: von Sissa ibn Dahir, einem weisen Mann, der König Shihram das Spiel beibrachte. Der Herrscher war entzückt und fragte Sissa, was er dafür gern als Belohnung hätte.

„Ich bin ein einfacher Mann und bitte nur um eine einfache Belohnung in Form von Weizenkörnern“, sagte Sissa. „Stelle dein Schachbrett dorthin und lege ein einzelnes Weizenkorn auf das erste Feld. Lege 2 Körner (die doppelte Menge) auf das zweite Feld und 4 Körner (wieder das Doppelte) auf das dritte Feld und immer so weiter, bis auf allen Feldern Körner liegen. Ein ganz einfacher Wunsch.“

König Shihram stimmte zu und bat einen Diener, das Schachbrett aufzustellen und Weizenkörner zu holen. Und weil diese Weizenbelohnung ja so einfach ist, machen wir daraus dieses Mathe-Labor! Ist dieser Versuch wohl der einfachste oder der schwierigste in diesem Buch? Entscheide du!

DU BRAUCHST

- 1 SCHACHBRETT
- 1 BEUTEL REIS (EINFACHER ZU BEKOMMEN ALS WEIZENKÖRNER)

DER VERSUCH

1. Folge Sissas Anweisungen und lege 1 Reiskorn auf das erste Feld, 2 auf das zweite, 4 auf das dritte und 8 auf das vierte.

2. Jetzt halte kurz inne und stelle ein paar Rechnungen an: In das achte Feld, am Ende der ersten Reihe, müsstest du 128 Reiskörner legen. Aber es gibt noch 7 Reihen mehr, und die Zahl verdoppelt sich ja jedes Mal! Am Ende der zweiten Reihe wärest du bei etwa 32.000 Körnern angekommen, und schon am Anfang der dritten Reihe wäre es wieder das Doppelte! Huch!

Sissas Wunsch bringt eine Folge hervor, die Mathematiker und Naturwissenschaftler *exponentiell* nennen und die viel, viel schneller wächst als z.B. eine Folge, bei der man in jedem Schritt immer die gleiche Zahl hinzuzählt. Solch eine Folge wäre *linear*.

Du hast wahrscheinlich gegen Ende der ersten Reihe aufgegeben, aber wenn du tatsächlich bis zum Ende durchhalten würdest, hättest du im letzten (dem 64.) Feld so viele Reiskörner:

18.446.744.073.709.551.615

Mit anderen Worten: 18 Trillionen 446 Billiarden 744 Billionen 73 Milliarden 709 Millionen 551 Tausend 615.

Das ist eine Menge Reis!

MATHE-MAGIE

ZWEI MINUTEN

Die folgenden Statistiken stammen aus vielen verschiedenen Quellen. Sie zeigen alle, was innerhalb von 2 Minuten passiert. Aber wir haben die Zahlen in der rechten Spalte vertauscht, und du musst sie wieder so ordnen, dass sie zu den Angaben in der linken Spalte passen. Schaffst du das? Du hast ... 2 Minuten Zeit!

1. Das von allen Menschen der Welt urinierte Wasser (in Litern)	a. 27
2. Tonnen an Müll, die entstehen	b. 15.122
3. Tode auf der Welt	c. 308
4. Blitzeinschläge	d. 3.577.938
5. Meteoriten, die in die Atmosphäre eintreten	e. 158.728
6. Tode auf der Welt, die mit Tabak zu tun haben	f. 19
7. Pinnwand-Posts auf Facebook	g. 11.911
8. Geburten auf der Welt	h. 160.404.800.000
9. Gefällte Bäume	i. 209
10. Bluttransfusionen (in Litern)	j. 17

Lösung:
1=d, 2=j, 3=i, 4=g, 5=a, 6=f, 7=e, 8=c, 9=b, 10=h

SEESCHLANGE
EISBERGE
ÜBERALL HAIE
STÜRMISCHE SEE
N
MANN ÜBER BORD
SICHERER TOD
W
O
DROHENDES UNHEIL
S
SEEMANS-GRAB
SCHROFFE FELSEN
KANNIBALEN-INSEL
SCHIFFSWRACK
DAVY JONES' LOCKER
RIESEN-OKTOPUS
PIRATEN

20

ÜBERLEBENSCHANCE: DU BIST TOT

ÜBERLEBENSSTRATEGIEN: PROPORTIONALE GLEICHUNGEN

TOD DURCH: MEUTEREI

AUF HOHER SEE VERSCHOLLEN

DAS PROBLEM

Du bist der Kapitän einer Galeone, die sich zur Neuen Welt aufgemacht hat. Inzwischen hast du die gängige Theorie, die Welt sei rund, akzeptiert: Wenn ihr immer in eine Richtung segelt, kommt ihr irgendwann wieder am Start an. Ihr seid seit 9 Wochen unterwegs und in den letzten Tagen auf dem Atlantik zwar langsam, aber stetig vorangekommen.

DAS ASTROLABIUM

Ein Astrolabium ist ein Gerät, das die alten Griechen vor 2.200 Jahren erfanden und das zu einem der frühesten bekannten Navigationsinstrumente für Seeleute wurde. Es ist ein kompliziertes Handinstrument, das den Betrachtern hilft, die Bahnen des Mondes, der Planeten und der Sterne zu lokalisieren und vorauszuberechnen. Der Sextant, vor etwa 500 Jahren entwickelt, war ein einfacheres Instrument, mit dem man den Winkelabstand der Sonne (oder des Polarsterns) vom Horizont messen konnte. War dieser Wert bekannt, konnten die Seeleute bestimmen, auf welchem Breitengrad sie sich befanden und ob sie gerade Richtung Kanada oder Richtung Mexiko segelten.

Seit Kurzem ist dir eine gewisse Unruhe in deiner Mannschaft aufgefallen. Und dann, an eurem 63. Tag auf See, versammelt sie sich schweigend vor dir an Deck. Der Erste Offizier sieht bedrohlich aus: Zwischen seinen Zähnen steckt ein langes Messer. Nur ein Wort beschreibt, was hier gerade passiert: Meuterei.

Der Erste Offizier postiert sich nur zwei Schritte von dir entfernt. Er nimmt das Messer aus dem Mund, wischt es sorgfältig an seinem Hemd ab und spricht: „Nun, Käpt'n, wir sind jetzt seit 9 langen Wochen auf See und sehen immer noch kein Land. Wir haben dir

KNOTEN

Seeleute verwenden andere Maße für Entfernungen und Geschwindigkeiten, als wir das an Land tun: Entfernungen werden in Seemeilen, Geschwindigkeiten in Knoten gemessen. 1 Knoten entspricht 1 Seemeile pro Stunde. Warum heißt es Knoten? Das stammt von der Art und Weise, wie Seeleute früher ihre Geschwindigkeit maßen. Sie verwendeten dazu ein Logscheit, ein keilförmiges Stück Holz mit einer Leine, in die etwa alle 15 m ein Knoten gemacht war – die Entfernung, die ein Schiff in 30 Sekunden segeln müsste, wenn es 1 Knoten schnell wäre. Sie warfen das Holzstück über Bord und zählten die Anzahl der Knoten, die in 30 Sekunden (die sie mit einer Sanduhr abmaßen) vom Schiff heruntergezogen wurden. Diese Zahl war dann die Schiffsgeschwindigkeit in Knoten (oder Seemeilen pro Stunde).

alles Mögliche geglaubt – dass die Erde rund ist, dass wir Land erreichen, wenn wir immer nach Westen segeln, und dass die Neue Welt voller Gold und Juwelen ist. Bis jetzt haben wir noch keine Beweise für irgendwas davon ... und uns gehen das Trinkwasser und das Essen aus."

Zur Bestätigung schaut er sich kurz zur Mannschaft um. „Käpt'n, Sie sagen, wir hätten schon 4.411 von den 5.665 Kilometern nach Kuba geschafft und dass wir dank dieses Dingsdas, das Sie Astrolabium nennen, auf Kurs geblieben sind. Wir müssen also immer noch 1.254 Kilometer segeln. Ich sage: Die Mannschaft wird das nur noch 1 Woche hinnehmen! Mehr nicht! Also haben wir eine kleine Forderung, nicht wahr, Jungs?

Wir werden die Seemeilen pro Stunde oder Knoten, die wir fahren, messen. Der Wind wird wohl die ganze Woche stabil bleiben, also können wir von unserer Zahl ausgehend hochrechnen, ob wir am Ende einer Woche wirklich in Kuba einlaufen ... oder ob Sie vielleicht ‚zufällig' über Bord gehen und wir das Schiff übernehmen."

Wie viele Knoten muss das Schiff mindestens fahren, damit ihr innerhalb von 7 Tagen in Kuba ankommt? Runde die Lösung auf eine ganze Zahl auf oder ab.

EUKLIDS RATSCHLAG

Notiere alles, was du weißt:

- **Ihr seid 4.411 von den 5.665 Kilometern nach Kuba gesegelt, habt also noch 1.254 Kilometer zu fahren.**
- **1 Knoten ist dasselbe wie 1 Seemeile pro Stunde; beide Einheiten messen die Geschwindigkeit.**
- **Ihr habt 7 Tage, um den Rest der Reise nach Kuba zu schaffen.**

HINWEIS: 1 km = 0,54 Seemeilen (ungefähr).

PLATZ ZUM RECHNEN

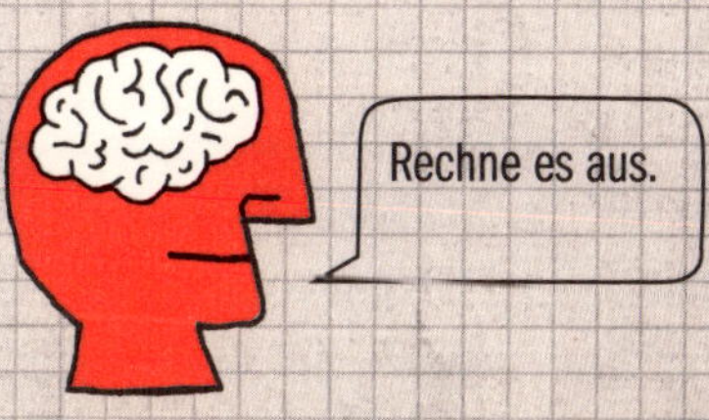
Rechne es aus.

DIE LÖSUNG

IHR MÜSST MINDESTENS 4 KNOTEN BZW. SEEMEILEN PRO STUNDE SCHNELL FAHREN, UM ES IN 7 TAGEN BIS KUBA ZU SCHAFFEN.

Löse das Problem Schritt für Schritt:

1. Da deine Lösung in Seemeilen pro Stunde sein muss, solltest du die Maße, die du hast (km und Tage), in die Maße, die du brauchst (Seemeilen und Stunden), umrechnen.

Fange mit der Entfernung an, die ihr noch fahren müsst. Rechne sie von km in Seemeilen um. 1 km sind 0,54 Seemeilen.

Entfernung nach Kuba: 1.254 km

Erstelle eine proportionale Gleichung und multipliziere zum Lösen die Brüche über Kreuz (Kehrwert).

$$\frac{1 \text{ km}}{0{,}54 \text{ Seemeilen}} = \frac{1.254 \text{ km}}{x \text{ Seemeilen}}$$

$$x = 677{,}16 \text{ Seemeilen}$$

1.254 km sind also 677,16 Seemeilen.

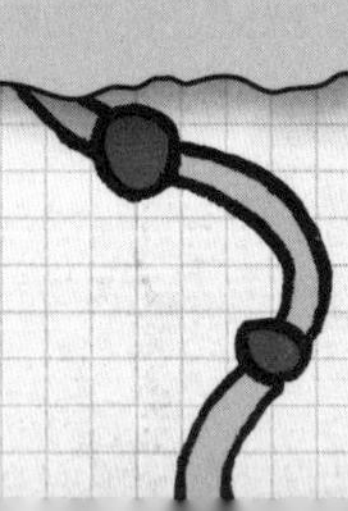

2. Als Nächstes rechne die Tage, die dir verbleiben, bis die Mannschaft dich über Bord wirft (7), in Stunden um. Erstelle eine proportionale Gleichung und multipliziere zum Lösen die Brüche über Kreuz (Kehrwert).

$$\frac{24 \text{ Stunden}}{1 \text{ Tag}} = \frac{x \text{ Stunden}}{7 \text{ Tage}}$$

$$168 = x$$

In 7 Tagen stecken also 168 Stunden.

3. Jetzt, da du alle Maße in die richtigen Einheiten umgerechnet hast, kannst du eine weitere proportionale Gleichung erstellen, die du nach der Mindestgeschwindigkeit in Seemeilen pro Stunde (oder Knoten) auflösen kannst, welche ihr braucht, um 677,16 Seemeilen in 168 Stunden zu schaffen.

$$\frac{677{,}16}{168} = \frac{x}{1}$$

$$168x = 677{,}16$$

$x = 4{,}03$ (ungefähr)

Auf die nächste ganze Zahl gerundet, heißt das:
$x = 4$ Seemeilen pro Stunde (oder Knoten).

Das bedeutet, dass ihr mindestens 4 Knoten schnell fahren müsst, um es in 7 Tagen nach Kuba zu schaffen. Viel Glück!

MATHE-LABOR

Aus ein paar ziemlich einfachen Dingen kannst du dir deinen eigenen Sextanten basteln. Schaue durch ihn hindurch, um den Winkel des Mondes zu finden, aber verwende ihn bitte niemals, um damit direkt in die Sonne zu schauen!

DU BRAUCHST

- 1 SCHNUR
- 1 LINEAL
- 1 SCHERE
- 1 WINKELMESSER AUS KUNSTSTOFF (MIT EINEM KLEINEN LOCH IN DER MITTE DER GERADEN SEITE)
- 1 KLEINES GEWICHT (Z. B. EINE SCHRAUBE)
- FESTES KLEBEBAND
- 1 DICKEN STROHHALM
- 1 BLEISTIFT
- 1 10 X 10 CM GROSSES STÜCK PAPPE ODER TONPAPIER
- 1 FREUND MIT PAPIER UND BLEISTIFT

DER VERSUCH

1. Schneide eine 25 cm lange Schnur ab und mache an einem Ende einen Knoten hinein.

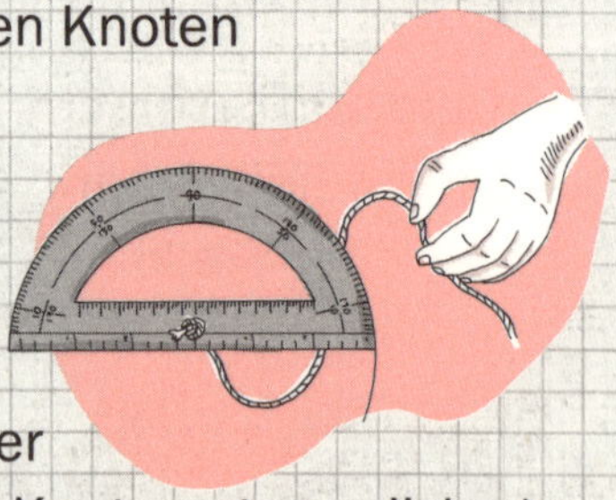

2. Ziehe das andere Ende der Schnur durch das Loch im Winkelmesser, bis der Knoten stecken bleibt (flutscht er durch, mache den Knoten etwas dicker).

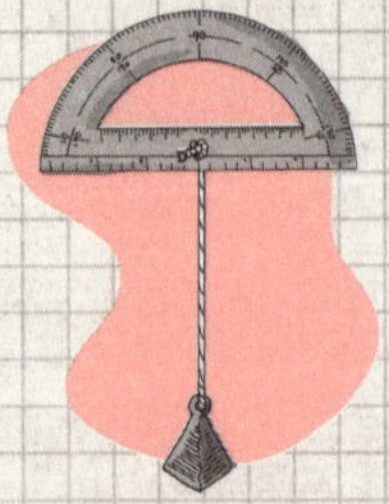

3. Binde oder klebe das Gewicht an das andere Ende der Schnur.

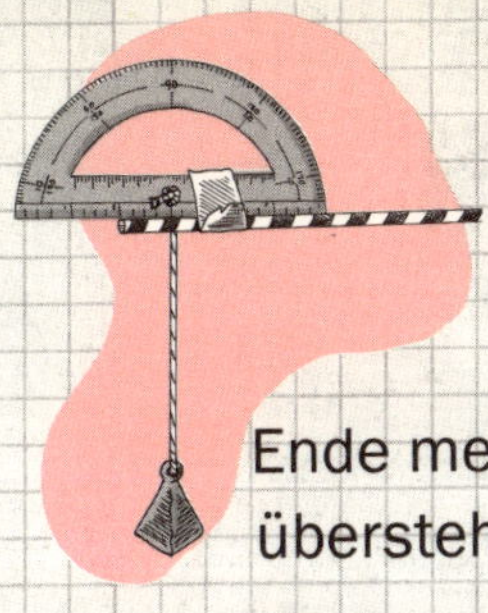

4. Klebe den Strohhalm so entlang der geraden Seite des Winkelmessers fest, dass das eine Ende mehrere Zentimeter übersteht.

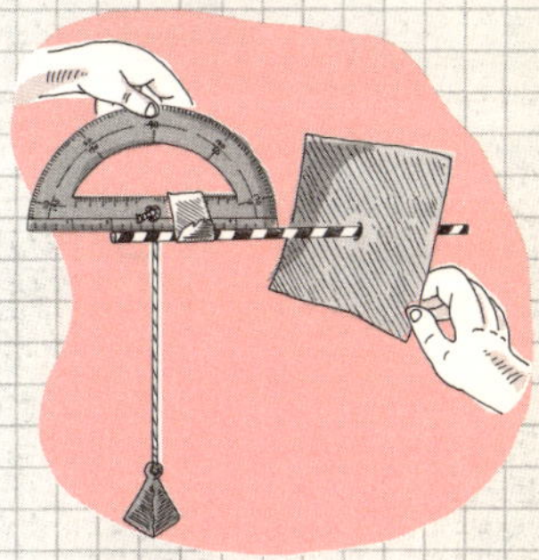

5. Stich mit dem Bleistift ein Loch in die Mitte der Pappe, dass der Strohhalm gerade so hindurchpasst.

6. Schiebe das Stück Pappe so am Strohhalm entlang, dass es die Ecke des Winkelmessers berührt.

SO VERWENDEST DU DEN SEXTANTEN

- Halte den Sextanten so, dass die runde Seite zum Boden zeigt und das Gewicht frei hängt.
- Schaue durch das überstehende Ende des Strohhalms und ziele damit auf ein Objekt (z. B. den Mond, die Spitze eines Hauses oder einen weit entfernten Baum).

- Halte den Sextanten ganz ruhig in dieser Position, während dein Freund nachschaut und aufschreibt, an welcher Stelle die Schnur über die Maße auf dem Winkelmesser läuft. Er sollte dazu die Skala ablesen, die von 0 bis 90 geht.
- Ziehe nun die Zahl, die ihr aufgeschrieben habt, von 90 ab. Das ist dann die Höhe (in Grad über dem Horizont) des Zielobjektes.

WARNUNG! Schaue niemals direkt in die Sonne.

39m
40m

21

ÜBERLEBENSCHANCE: DU BIST TOT

ÜBERLEBENSSTRATEGIEN: GLEICHUNGEN, BRÜCHE

TOD DURCH: FALSCHES VERHALTEN BEIM TAUCHEN

ACHTUNG, TAUCHER-KRANKHEIT!

DAS PROBLEM

Du bist Schatzsucher. Nachdem du Jahre damit verbracht hast, alte Karten und Tagebücher zu studieren, um herauszufinden, wo Rotbarts Piratenschiff 1712 sank – mit seiner Ladung aus Silber und Juwelen und dem berühmten diamantbesetzten Schwert –, bist du jetzt ganz nah dran. Der gesuchte Schatz liegt 40 m unter dir im klaren Wasser des Karibischen Meeres. Nun ist es Zeit zu tauchen.

WAS IST DIE TAUCHERKRANKHEIT ÜBERHAUPT?

Der Wasserdruck steigt, je tiefer du tauchst. Dieser gestiegene Druck sorgt dafür, dass sich mehr Stickstoff (den du ganz normal einatmest) als sonst im Blut löst, ähnlich wie sich Kohlensäure in einer Sprudelflasche löst. Kommst du nun wieder an die Wasseroberfläche, ist es, als würdest du die Sprudelflasche öffnen. Machst du es zu schnell, „blubbert" der Stickstoff in deinem Körper hoch und kann viel Schaden anrichten, ähnlich wie das Öffnen der Flasche, nachdem du sie geschüttelt hast: Sie schäumt auf. Deswegen legen Taucher auf dem Weg nach oben „Dekompressionsstopps" ein, um die Taucherkrankheit (oder „Dekompressionskrankheit") zu vermeiden. Der Stickstoff kann so langsamer abgegeben werden – wie wenn du die Flasche langsam öffnest, um die Kohlensäure sanft ausströmen zu lassen.

Du wirfst eine Leine ins Wasser, die in 1-m-Abständen markiert ist, damit du unter Wasser immer weißt, wie weit du von der Wasseroberfläche weg bist.

Es dauert nicht lange, bis du den Meeresboden erreichst – nur 5 Minuten. Und dann siehst du sie: die Schatztruhe! Aber wo ist das Schwert? Bevor du anfängst, danach zu suchen, willst du genau wissen, wie lange du dort unten bleiben kannst, bevor du wieder nach oben musst. Deine Tauchflasche enthält Sauerstoff für 1 Stunde, und du willst die Taucherkrankheit vermeiden, indem du auf dem Weg nach oben an verschiedenen Stellen Dekompressionsstopps einlegst, damit sich dein Körper an den veränderten Druck gewöhnt. Zum Glück kannst du dich auf deinen Tauchcomputer am Handgelenk verlassen, der dir genau sagt, wie lange du unter Wasser bleiben kannst und wo du die Stopps machen sollst, aber ... oh nein! Du hast den Computer auf dem Schiff vergessen – das Schiff, das nun 40 m über dir ist – und hast stattdessen deine normale (wasserfeste) Armbanduhr angezogen.

Okay, keine Panik. Denk nach. Erinnere dich an alles, was du in all den Jahren Tauchtraining gelernt hast:

1. Der erste 2-minütige Dekompressionsstopp sollte auf der Hälfte deiner maximalen Tiefe stattfinden.

2. Nachdem du mit den Stopps begonnen hast, solltest du nicht schneller hochschwimmen als 4 m pro Minute.

3. Außerdem musst du zwischen diesen 1-minütigen Aktionen immer 1 Minute warten.

4. An der 5-m-Marke solltest du noch 5 Minuten warten. Danach kannst du ohne weitere Stopps auftauchen.

5. Taucher sind vorsichtig: Sie runden die Zahlen immer auf (was in diesem Fall eine höhere Anzahl der aufgebrauchten Minuten bedeutet). Gib dir noch 1 Minute extra, um an die Oberfläche zu kommen.

Angenommen, du kannst mit 4 m pro Minute an die Oberfläche schwimmen: Wie lange kannst du dir das Schiffswrack anschauen, bevor du mit dem Auftauchen beginnen musst?

EUKLIDS RATSCHLAG

Notiere alles, was du weißt:

- **Du bist 40 m unter der Wasseroberfläche.**
- **Du bist mit 1 Stunde Sauerstoff in der Flasche losgetaucht, hast aber 5 Minuten gebraucht, um hinunter zum Wrack zu gelangen. Du hast also noch 55 Minuten Sauerstoff übrig.**
- **Der erste 2-minütige Dekompressionsstopp sollte auf der Hälfte deiner maximalen Tiefe stattfinden.**
- **Du solltest mit 4 m pro Minute aufsteigen.**
- **Du musst dazwischen immer 1 Minute warten.**
- **Wenn du die Tiefe von 5 m erreicht hast, musst du 5 Minuten warten, danach kannst du ohne weitere Stopps aufsteigen.**
- **Gib noch 1 Minute hinzu, um ganz sicher zu sein!**

HINWEIS: Um den vorletzten Schritt zu lösen, kannst du eine lineare Gleichung verwenden.

PLATZ ZUM RECHNEN

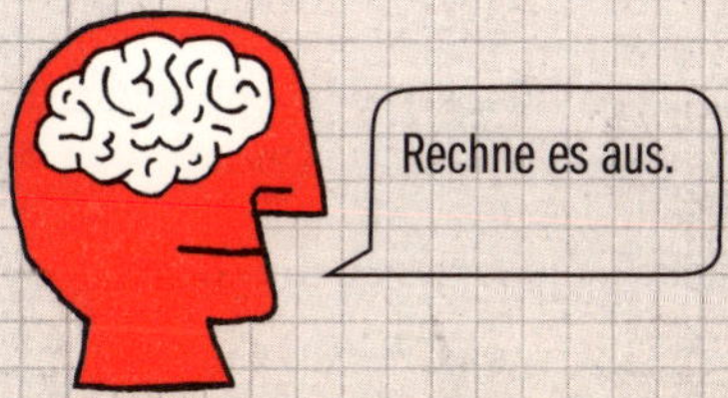
Rechne es aus.

DIE LÖSUNG

DU HAST 34 MINUTEN, UM DAS WRACK ZU ERKUNDEN, BEVOR DU MIT DEM AUFTAUCHEN BEGINNEN MUSST.

Löse das Problem Schritt für Schritt:

1. Rechne zuerst aus, wie lange du zur Wasseroberfläche brauchen wirst. Runter hast du nur 5 Minuten gebraucht, aber da musstest du auch keine Dekompressionsstopps einlegen. Für den Weg nach oben musst du alle Stopps und deine Aufstiegsgeschwindigkeit zusammenrechnen. Deinen ersten Halt legst du auf der Hälfte deiner maximalen Tiefe ein. Teile die maximale Tiefe (40 m) durch 2, und du weißt, auf welcher Höhe du mit den Dekompressionsstopps beginnen musst:

$$40 \div 2 = 20 \text{ m}$$

Du musst also in einer Tiefe von 20 m deinen ersten Dekompressionsstopp machen.

2. Du schwimmst 4 m pro Minute – schneller solltest du nicht sein. Zum Glück hast du ja deine Uhr dabei, sodass du deinen Aufstieg gut stoppen kannst. Finde heraus, wie lange es bei dieser Geschwindigkeit dauern wird, zum ersten Stopp in 20 m Tiefe zu gelangen, indem du die Anzahl der Meter, die du schwimmst (20 m), durch die Anzahl der Meter, die du in 1 Minute schwimmen kannst (4 m) teilst.

$$20 \div 4 = 5 \text{ Minuten}$$

Du brauchst also 5 Minuten, um zur 20-m-Marke zu gelangen.

3. Dein erster Dekompressionsstopp an der 20-m-Marke dauert 2 Minuten:

2 Minuten

4. Dann steigst du weiter mit 4 m pro Minute auf, bis du die 5-m-Marke erreichst, wo du deinen letzten (und längsten) Stopp einlegst.

Überlege zuerst, wie viele 4-m-Abstände zwischen der 20-m- und der 5-m-Marke liegen. Ziehe 5 von 20 ab, um herauszufinden, wie viele Meter du schwimmen musst:

$$20 - 5 = 15 \text{ m}$$

Teile dann diese Differenz durch 4, um die Anzahl der Intervalle herauszufinden:

$$15 \div 4 = 3\tfrac{3}{4}$$

Du hast zwischen der 20-m- und der 5-m-Markierung also $3\frac{3}{4}$ Intervalle von 4 m zu schwimmen. Du weißt, dass 4 m 1 Minute dauern, du brauchst also $3\frac{3}{4}$ Minuten, um zur 5-m-Markierung zu schwimmen.

$3\frac{3}{4}$ Minuten

5. Jetzt wird es etwas kompliziert: Zwischen allen 4-m-Intervallen sollst du ja 1 Minute Pause machen. Aber an der 5-m-Marke gibt es eine 5-minütige Pause. Du musst den ersten 3 Stopps also jeweils 1 Minute hinzufügen und dem letzten Stopp 5:

$$(3 \times 1) + 5 = 8$$

Verwirrt? So rechnest du die Dekompressionsstopps aus:

16 m: füge 1 Minute Pause hinzu
12 m: füge 1 Minute Pause hinzu
8 m: füge 1 Minute Pause hinzu
5 m: füge 5 Minuten Pause hinzu

Gesamt: 8 Minuten

6. Addiere nun alle Minuten, die du brauchen wirst (inklusive Schwimmen und Pausen), um zur 5-m-Marke zu gelangen:

$$5 + 2 + 3\tfrac{3}{4} + 8 = 18\tfrac{3}{4} \text{ Minuten}$$

7. Du brauchst also $18\frac{3}{4}$ Minuten zur 5-m-Marke. Von dort aus kannst du, ohne zu stoppen, zur Oberfläche schwimmen. Wenn du weiter mit 4 m pro Minute schwimmst, wirst du $1\frac{1}{4}$ Minuten brauchen, um die letzten 5 m zur Oberfläche zu schwimmen:

$$\frac{4 \text{ m}}{1 \text{ Minute}} = \frac{5 \text{ m}}{x \text{ Minuten}}$$

$$4x = 5$$

$$x = 1\tfrac{1}{4} \text{ Minuten}$$

8. Addiere nun alle Minuten, die du bis zur Oberfläche brauchst:

$$18\tfrac{3}{4} + 1\tfrac{1}{4} = 20 \text{ Minuten}$$

Da du nun weißt, dass du 20 Minuten brauchst, um wieder zur Oberfläche zu gelangen, kannst du ausrechnen, wie viel Zeit dir noch bleibt, um Rotbarts Schiffswrack zu durchsuchen.

9. Erstelle eine lineare Gleichung, die du nach der Zeit auflösen kannst, die dir zum Suchen des Schatzes bleibt. Du hast alle Informationen, die du brauchst, um Werte einzusetzen und die folgende Gleichung zu lösen:

Minuten fürs Abtauchen + Minuten fürs Auftauchen + Minuten für die Schatzsuche = 60 (Gesamtminuten)

Gib dem Wert, den du nicht kennst, zuerst einmal eine Variable. Nennen wir ihn s für Schatz:

Minuten fürs Abtauchen + Minuten fürs Auftauchen + *s* = 60 (Gesamtminuten)

Als Nächstes füge die Werte ein, die du kennst, und löse nach *s* auf:

$$5 + 20 + s = 60$$

$$25 + s = 60$$

$$s = 35 \text{ Minuten}$$

Du hast also noch 35 Minuten Zeit, das Wrack zu erkunden, bevor du wieder nach oben auftauchen musst.

Aber halt, das stimmt noch nicht so ganz: du hast ja eigentlich nur noch 34 Minuten Zeit! Warum? Sieh dir das Problem noch einmal an.

Taucher sind vorsichtig, erinnerst du dich?? Und streng genommen musst du die Zeit, die du für deine Berechnung gebraucht hast, auch noch abziehen.

MATHE-LABOR

Du kannst dir besser vorstellen, wie der Wasserdruck mit größerer Tiefe zunimmt, wenn du dieses schnelle und einfache Experiment machst. Selbst wenn es nur 15 cm ins Wasser hinuntergeht (das eingetauchte Ende eines Strohhalms), wird der Druck schon spürbar größer. Und jetzt stell dir mal vor, wie stark der Druck in 40 m (oder gar 5 km) Tiefe sein muss!

DU BRAUCHST

- 1 GROSSES GLAS ODER 1 KARAFFE (1 LITER)
- WASSER
- 1 LANGEN STROHHALM (LANG GENUG, UM LEICHT DEN BODEN DES GLASES ZU ERREICHEN)

DER VERSUCH

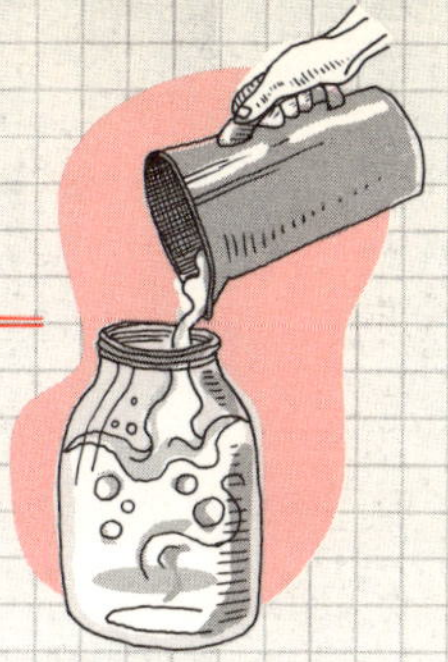

1. Fülle das Glas fast randvoll mit Wasser.

2. Tauche das untere Ende des Strohhalms nur ein wenig ins Wasser, direkt unterhalb der Oberfläche, und puste hinein. Wie schwer oder leicht ist es, Blasen zu machen?

3. Tauche den Strohhalm nun tiefer ein, sodass das Ende fast den Boden des Glases berührt.

4. Puste noch einmal. Stelle fest, wie schwer oder leicht es ist, Blasen zu machen.

5. Ist dir aufgefallen, dass es schwerer ist, Blasen zu machen, wenn der Strohhalm tiefer im Wasser ist?

6. Was ist deine Schlussfolgerung zum Unterschied beim Wasserdruck? Was sagt dir das Blasenmachen in verschiedenen „Tiefen“ des Glases über den Wasserdruck ganz allgemein?

DIE LÖSUNG: DU SOLLTEST HERAUSGEFUNDEN HABEN, DASS DER WASSERDRUCK AM BODEN DES GLASES GRÖSSER IST ALS WEITER OBEN.

22

ÜBERLEBENSCHANCE: DU BIST TOT

ÜBERLEBENSSTRATEGIEN: VERHÄLTNISSE; BRÜCHE

TOD DURCH: FEINDLICHE SPIONE

EXPLOSIVER AUSBRUCH!

DAS PROBLEM

Jetzt gibt es kein Zurück mehr: Du bist mit zwei anderen CIA-Agenten per Fallschirm auf einem Schneefeld hoch oben im Himalaja abgesprungen. Unter euch ist es stockfinster, nur unten im Tal, Tausende Meter unter euch, sieht man ein paar kleine Lichter. Über euch liegt das dunkle Geheimversteck der feindlichen Spione. Im Innern brennt kein Licht.

ABSEILEN

Bergsteiger machen sich für einen schnelleren Abstieg oft ihre Seile und eine Technik namens Abseilen zunutze. Beim Aufstieg haben sie das eine Ende des Seils mit einem Haken im Fels verankert; das Gleiche machen sie dann weiter oben mit dem anderen Ende, sodass das Seil zwischen zwei festen Punkten hängt. Beim Abseilen befestigen sie dann ihren Klettergurt so an dem straffen Seil, dass sie daran entlanggleiten können. Sie lassen das Seil zwischen den Oberschenkeln, diagonal über den Körper und dann über eine Schulter laufen. Dann stoßen sie sich vom Berg ab, und während dieses „Falls" gleitet das Seil an ihrem Körper entlang. Danach halten sie sich wieder am Seil fest und schwingen zurück an den Berg.

Euer Team hatte gerade erst herausgefunden, wo im Gebirge dieses Geheimversteck war, als euch mitgeteilt wurde, dass Diego, einer eurer besten Agenten, von den Bösen gekidnappt wurde. Eure Aufgabe ist es nun, heimlich unterhalb des Berggefängnisses zu landen, dorthin zu klettern, herauszufinden, in welchem Raum Diego gefangen gehalten wird, ihn schnell zu befreien und zum unterhalb gelegenen Schneefeld zu bringen. Dann wird, auf ein Signal deines Funkgerätes hin, ein Hubschrauber um den Berg herumfliegen, landen und euch alle in Sicherheit bringen.

Recherchen haben ergeben, dass die Wände und Türen des Gefängnisses $75\frac{3}{4}$ cm dick sind. Ihr habt eine spezielle Minibombe, die ihr durch den schmalen Schlitz unter der Tür zu Diegos Zelle schieben könnt. Sie darf nur $50\frac{1}{4}$ cm weit hineingeschoben werden, wenn sie funktionieren soll. Schiebt ihr sie zu weit hinein, verletzt ihr Diego, ohne die Tür wegzusprengen. Platziert ihr sie nicht weit genug, wird sich die Tür nicht bewegen, aber die Wächter werden aufgeschreckt, und ihr werdet ohne Diego flüchten müssen.

Nachdem ihr erfolgreich in das Geheimversteck eingedrungen seid, kniest du dich vorsichtig hin, nimmst das Sprengstoffplättchen (das nicht größer ist als ein Streifen Kaugummi) und willst es mithilfe der Antenne deines Funkgeräts unter die Tür schieben. Nun brauchst du nur noch das Maßband, das dir anzeigen kann, wann du die Bombe $50\frac{1}{4}$ cm weit hineingeschoben hast. Aber wo ist es? Du wühlst hektisch in deinem Rucksack, während die anderen Wache stehen. Es ist nicht da!

Was kannst du stattdessen nehmen? Hier! Die Rückseite deines Sicherheitsgurtes hat eine Maß-Markierung. Du leuchtest sie mit deiner Taschenlampe an, aber sie ist nicht ganz das, was du dir erhofft hast: Da steht bloß „67 cm“. Das wird dir nicht helfen. Oder doch? Der Gurt scheint sich leicht falten zu lassen. Du musst dabei exakt sein – und schnell!

Welcher Teil von 67 cm sind $50\frac{1}{4}$ cm? Kannst du herausfinden, wie du den Sicherheitsgurt mit ein paar Faltungen so verwenden kannst, dass du genau $50\frac{1}{4}$ cm damit abmessen kannst?

EUKLIDS RATSCHLAG

Hättest du eine Markierung auf dem Gurt, die genau $50\frac{1}{4}$ cm anzeigt, könntest du die Antenne exakt so weit ausfahren und den Sprengstoff korrekt unter die Tür schieben. Der Schlüssel ist: Es wird viel einfacher, dieses Problem zu lösen, wenn du alle Zahlen, die du hast, in Brüche umwandelst.

Notiere alles, was du weißt:

- **Die beiden Entfernungen, die du kennst, sind die Länge des Gurtes (67 cm) und die Länge, wie weit du den Sprengstoff hineinschieben darfst ($50\frac{1}{4}$ cm).**

PLATZ ZUM RECHNEN

Rechne es aus.

DIE LÖSUNG

$50\frac{1}{4}$ CM SIND GENAU $\frac{3}{4}$ VON 67 CM. DU KANNST DEN GURT ALSO PROBLEMLOS AUF EINE LÄNGE VON $50\frac{1}{4}$ CM FALTEN.

Löse das Problem Schritt für Schritt:

1. Der Schlüssel zur Lösung ist, Brüche statt Dezimalzahlen zu verwenden, sodass du sie mit dem gleichen Nenner schreiben kannst. So kannst du einfacher ausrechnen, wie viel des Gurtes du falten musst, um $50\frac{1}{4}$ cm zu erhalten. Der einfachste Weg, die Aufgabe anzugehen, ist es, deinen Sicherheitsgurt als Diagramm zu zeichnen.

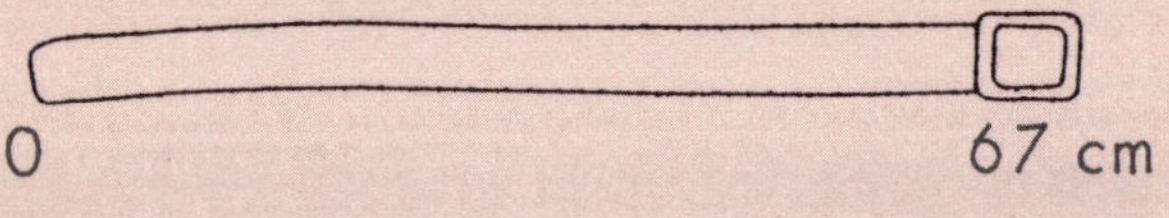

Nun musst du herausfinden, wo die $50\frac{1}{4}$-Markierung sein wird.

2. Beginne einfach mal, indem du die genaue Mitte des Gurtes herausfindest: Teile 67 cm durch 2.

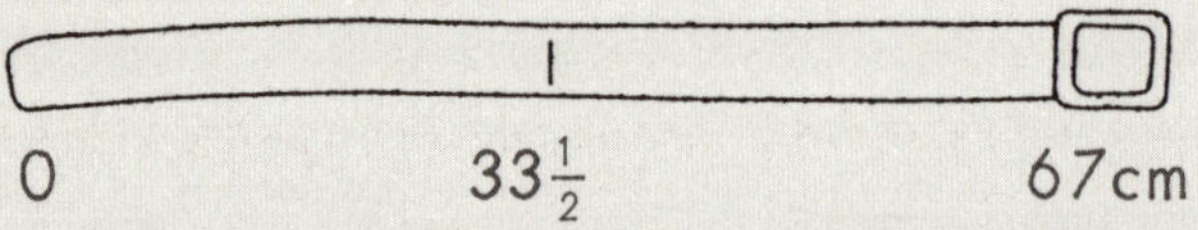

Füge die $33\frac{1}{2}$ cm-Markierung deinem Diagramm hinzu.

3. Nun musst du herausfinden, wo auf dem Diagramm die $50\frac{1}{4}$ cm-Markierung liegt. Am Diagramm kannst du erkennen, dass es so aussieht, als müsste die Markierung etwa auf der Hälfte der Strecke zwischen dem Mittelpunkt und den 67 cm liegen (etwa bei $\frac{3}{4}$ der Gesamtstrecke). Finden wir also heraus, wo genau diese Hälften-Markierung liegt, und fügen wir dann dem Diagramm noch 2 Striche hinzu: vor und hinter dem Mittelpunkt. Dazu dividieren wir den Mittelpunkt durch 2.

$$33\frac{1}{2} \div 2 =$$

(benenne $33\frac{1}{2}$ in $\frac{67}{2}$ um) $\frac{67}{2} \div 2 =$

$\frac{67}{2} \div \frac{2}{1} =$

(baue die Division zur Multiplikation um) $\frac{67}{2} \times \frac{1}{2} =$

(multipliziere Zähler und Nenner) $\frac{67}{4}$

(kürze den Bruch, so weit es geht) $16\frac{3}{4}$

4. Das heißt, dass du 2 neue Striche auf dein Diagramm zeichnen kannst: $16\frac{3}{4}$ cm vor dem Mittelpunkt und $16\frac{3}{4}$ cm hinter dem Mittelpunkt. Addiere $16\frac{3}{4}$ zu $33\frac{1}{2}$ um die zweite Zahl zu erhalten.

$$33\frac{1}{2} + 16\frac{3}{4} = 33\frac{2}{4} + 16\frac{3}{4} = 49\frac{5}{4} = 50\frac{1}{4}$$

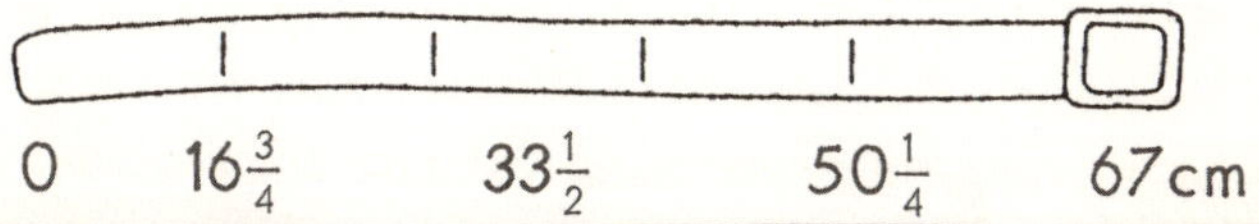

5. Hey! Du hast den $50\frac{1}{4}$ cm-Strich gefunden! Er liegt genau bei $\frac{3}{4}$ der Länge auf deinem Sicherheitsgurt. Alternativ hättest du auch eine Gleichung aufstellen können, um diese Lösung zu finden. Wenn *b* der Teil von 67 cm ist, der gleich $50\frac{1}{4}$ cm ist, dann:

$$67 \times b = 50\frac{1}{4}$$

$$b = \frac{3}{4}$$

6. Kannst du nun herausfinden, wie du den Gurt in Viertel faltest, damit du den Sprengstoff genau $50\frac{1}{4}$ cm unter die Tür schieben kannst? Nimm ein Stück Papier als Gurt und probiere es!

- Lege den Gurt zunächst in voller Länge vor dich (1).
- Nimm dann die rechte Seite des Gurtes und falte sie am Mittelpunkt über die linke Seite. Du hast nun 2 gleich lange Hälften, die aufeinanderliegen ($\frac{1}{2} + \frac{1}{2} = 1$).
- Nimm jetzt die oben liegende Hälfte an der linken Seite hoch und falte sie ebenfalls auf die Hälfte. Du hast also eines der $\frac{1}{2}$-Stücke aus dem letzten Schritt halbiert und 2 gleiche $\frac{1}{4}$-Stücke erhalten ($\frac{1}{2} + \frac{1}{4} + \frac{1}{4} = 1$).
- Nimm das letzte Stück, das du gefaltet hast, und klappe es (gefaltet) hinüber auf die rechte Seite. Du hast nun nebeneinander ein $\frac{1}{2}$-Stück des Gurtes plus ein $\frac{1}{4}$-Stück Gurt. Das sind zusammen $\frac{3}{4}$ des Gurtes, also genau die Länge von $50\frac{1}{4}$ cm!

MATHE-LABOR

Mit unserem metrischen System aus Zehnern und Hundertern waren die Rechenschritte ja gar nicht so schwer. Es gibt aber auch andere Zahlensysteme – zum Beispiel das englisch-amerikanische. Das ist voller Zwölftel und Sechsunddreißigstel und so weiter, aber das Experiment gelingt auch mit diesen Maßen.

Probiere das Experiment mit verschiedenen Maßen und Maßeinheiten aus, indem du verschieden lange Schnüre abschneidest und faltest. Am besten sind die Schnüre immer so lang (in cm, foot, inch oder yard), dass man die Zahl gut teilen kann.

Die amerikanischen Maße sind:
inch („Zoll"); 1 inch = 2,54 cm
foot („Fuß"); 1 foot = 12 inches = 30,48 cm
yard („Schritt"); 1 yard = 3 feet (Plural von foot) = 91,44 cm

DU BRAUCHST

- SCHNUR
- 1 SCHERE
- 1 LINEAL (AM BESTEN EINES, AUF DEM AUCH EINE INCH-SKALA DRAUF IST)

DAS EXPERIMENT

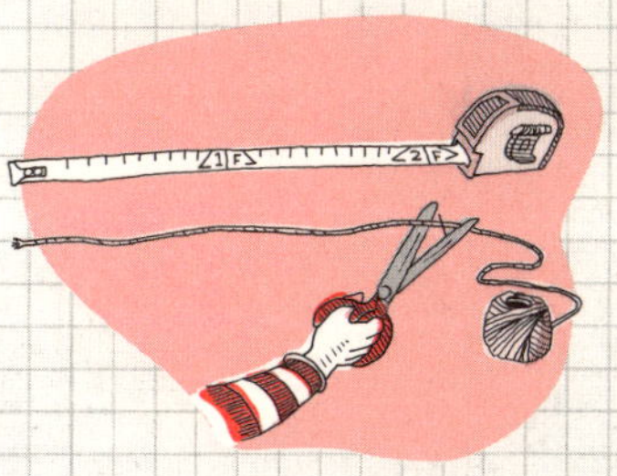

1. Schneide ein Stück Schnur ab, das 2 feet lang ist.

2. Gib dir nun selbst die Aufgabe, das Stück zu einem 18 inch langen Stück Schnur zu falten.

HINWEIS: 2 feet sind 24 inches; 18 ist $\frac{3}{4}$ von 24 – also musst du auf der Schnur den $\frac{3}{4}$-Punkt finden.

3. Du versuchst also, $\frac{2}{3}$ yard in $\frac{1}{2}$ yard zu verwandeln (weil 1 yard = 3 feet).

4. Du kannst die Lösung nachvollziehen, wenn du die Schnur an der Hälfte faltest, dann eine der Hälften wieder zur Hälfte faltest … und dann diese zweite Faltung so hinlegst, dass du $\frac{3}{6}$ bzw. $\frac{1}{2}$ yard erhälst.

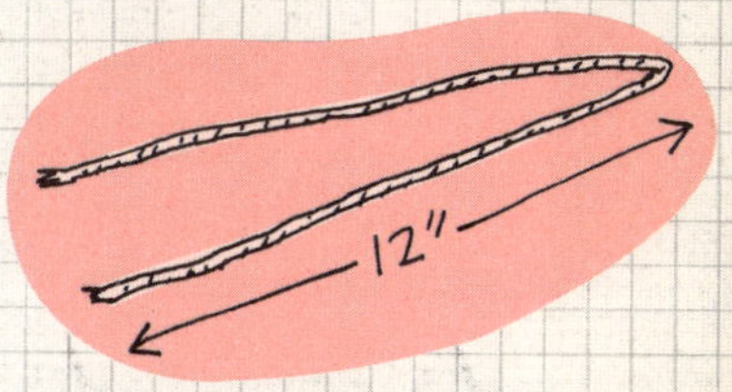

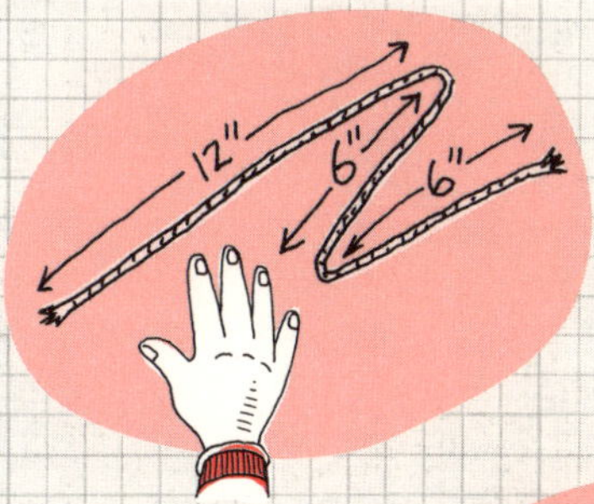

Wenn du das einmal hinbekommen hast, kannst du die Aufgabe deinen Freunden stellen oder mit der gleichen Technik neue Aufgaben erfinden.

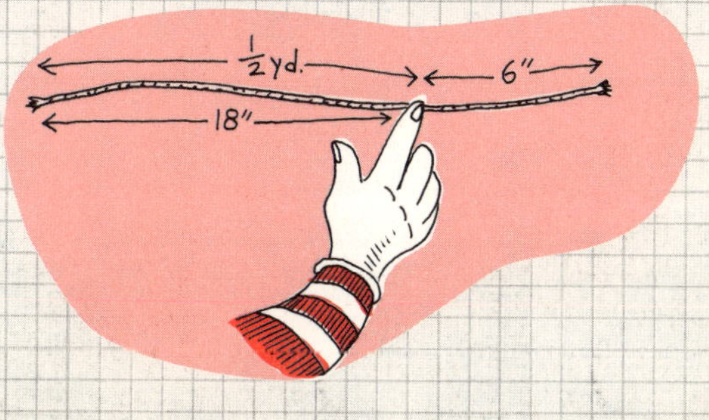

23

ÜBERLEBENSCHANCE: DU BIST TOT

ÜBERLEBENSSTRATEGIEN: ABSTRAHIEREN; GLEICHUNGEN

TOD DURCH: HENKER

DER TÖDLICHE SCHATZ

DAS PROBLEM

Du bist Paolo Polo. Dein Leben hast du damit verbracht, den Entdeckungen deines älteren Bruders Marco nachzueifern. Das heißt, du hast auf der Suche nach Abenteuern, Reichtum und Ruhm weite Strecken in Europa und Asien zurückgelegt. Du bist 1296 losgefahren, ein Jahr nachdem Marco von seiner berühmten Reise zurückgekehrt war, und reist jetzt schon seit mehr als zehn Jahren umher.

MARCO POLO

Marco Polo war ein italienischer Kaufmann, der im Mittelalter etwa 25.000 km durch Asien und Europa reiste. Diese Tour dauerte 24 Jahre, und als er 1295 nach Venedig zurückkehrte, veröffentlichte er *Die Reisen des Marco Polo*, einen Bericht seiner fantastischen Reisen nach Bagdad, Peking, Konstantinopel und in andere sagenumwobene alte Hauptstädte.

So bist du nun hier gelandet, im Palast des Khans (Herrschers) der zentralasiatischen Stadt Samarkand. Alles lief richtig gut – du warst Ehrengast und bekamst ein üppiges Bankett und exzellente Musik –, bis die Tische abgeräumt wurden. Im ganzen Saal kam eine erwartungsvolle Spannung auf.

Dann wurdest du in die Mitte des Saales geführt, wo du jetzt stehst. Vor dir befindet sich ein merkwürdiger Aufbau: In der Mitte stehen 3 juwelenbesetzte Truhen verschiedener Größe, aber selbst die kleinste ist noch größer als ein Elefantenbaby. Links neben den Truhen hängen 3 Schlüssel, einer für jede Truhe. Rechts stehen: 1 Henker mit seiner glänzenden Axt und 1 Sanduhr, durch die Sand läuft.

Plötzlich bekommst du Angst. Dein Gastgeber, der Khan, sagt dir, dass du alle 3 Schlüssel und den Inhalt der 3 Truhen haben kannst, wenn du das genaue Gewicht jeder Truhe nennen kannst, bevor das letzte Sandkorn durch die Sanduhr gerieselt ist. Schaffst du das nicht, fügt er hinzu, wird der Henker deinen Kopf abschlagen. Du wirst 1 Minute Zeit bekommen.

Das Ganze erscheint ziemlich hoffnungslos, bis der Khan dir einen Hinweis gibt: Die kleinste und die mittlere Truhe wiegen zusammen 50.000 Tekel. Die größte und die kleinste wiegen zusammen 60.000 Tekel, und die größte und die mittlere wiegen zusammen 70.000 Tekel.

Dann befiehlt er dem Henker, zu warten, bis der ganze Sand in den unteren Teil der Sanduhr gerieselt ist (was in ein paar Sekunden der Fall sein wird), und dann die Sanduhr umzudrehen, um 1 Minute abzumessen. Du solltest also besser ganz schnell ein paar Rechnungen anstellen!

Findest du das genaue Gewicht jeder Truhe heraus?

EUKLIDS RATSCHLAG

Lass dich nicht durch das komische Wort „Tekel“ verunsichern. Das ist bloß eine Maßeinheit wie Pfund oder Kilo, die der Khan verwendet, um ein Gewicht zu messen. Stell dir die Mengen in Pfund, Kilo oder gar Murmeln vor, wenn das für dich einfacher ist:

- **Versuch zuerst, das Problem zu vereinfachen. Verwirrend könnte sein, dass du es mit großen Zahlen zu tun hast, mit Zehntausendern. Wenn du den größten gemeinsamen Faktor findest (in diesem Fall 10.000) und jede Zahl durch ihn teilst, kannst du mit den neuen Zahlen viel einfacher rechnen. Du musst dann bloß am Ende wieder jede Lösung mit dem gleichen Faktor multiplizieren!**

- **Jetzt sieht alles schon etwas anders aus:**

  – Die kleinste und die mittlere Truhe wiegen zusammen 5.

  – Die kleinste und die größte wiegen zusammen 6.

  – Die mittlere und die größte wiegen zusammen 7.

HINWEIS: Es würde dir helfen, für jede der Truhe eine Variable zu bestimmen.

PLATZ ZUM RECHNEN

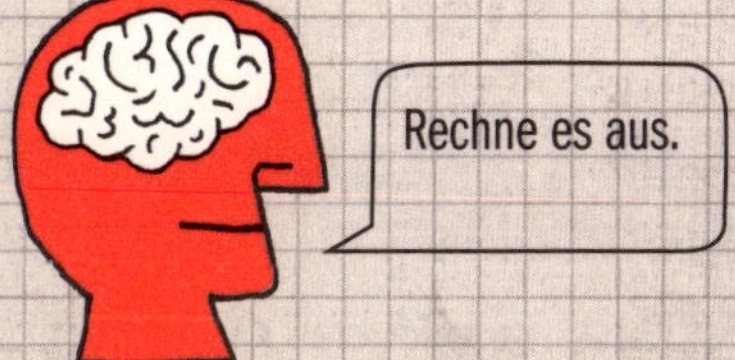
Rechne es aus.

DIE LÖSUNG

DIE KLEINSTE TRUHE WIEGT 20.000 TEKEL, DIE MITTLERE 30.000 TEKEL UND DIE GRÖSSTE 40.000 TEKEL.

Löse das Problem Schritt für Schritt:

1. Vergeben wir zuerst Variablen für jede Truhe.

a = Gewicht der kleinsten Truhe

b = Gewicht der mittleren Truhe

c = Gewicht der größten Truhe

2. Als Nächstes erstellen wir Gleichungen, um das auszudrücken, was wir über das Gewicht der 3 Truhen wissen.

$$a + b = 50.000$$
$$a + c = 60.000$$
$$b + c = 70.000$$

3. Da diese Zahlen alle durch 10.000 teilbar sind (der größte gemeinsame Teiler, ggT), streichen wir einfach bei jeder Zahl 4 Nullen, um unsere Rechnungen einfacher zu machen. Denk nur daran, sie ganz am Ende wieder anzuhängen.

$$a + b = 5$$
$$a + c = 6$$
$$b + c = 7$$

4. Hier musst du jetzt logisch denken. Schau dir die nützlichen Informationen an, die du aus diesen Gleichungen herausziehen kannst. Nehmen wir mal die ersten beiden Gleichungen:

Jede enthält 2 Variablen.

Jede enthält die Variable *a*, was heißt, dass die beiden Summen unterschiedlich sein müssen, da die Werte von *b* und *c* nicht gleich sein können.

Tatsächlich ist es so, dass die Summe sich um 1 vergrößert, wenn du *b* durch *c* ersetzt.

Das heißt, dass *c* 1 mehr wiegt als *b* – du kannst jetzt also den Wert von *c* als $b + 1$ hinschreiben – $c = b + 1$.

5. Jetzt kannst du die dritte Gleichung so umschreiben:

$$b + b + 1 = 7$$

6. Vereinfache und löse nach *b* auf.

$$2b + 1 = 7$$
$$2b = 6$$
$$b = 3$$

7. Da du nun den Wert von *b* kennst, kannst du auch nach *c* und *a* auflösen.

$$c = b + 1$$
$$c = 3 + 1$$
$$c = 4$$

$$a + b = 5$$
$$a + 3 = 5$$
$$a = 2$$

8. Doch warte! Du bist noch nicht ganz fertig. Vergiss nicht, jedes Gewicht wieder mit dem ggT, dem größten gemeinsamen Teiler (10.000), zu multiplizieren.

a = 20.000 Tekel

b = 30.000 Tekel

c = 40.000 Tekel

Das war ja nicht so schlimm! Warst du schneller als die Uhr und hast den Schatz gewonnen?

MATHE-LABOR

Eines der Geheimnisse bei dieser Aufgabe war es, große Zahlen besser handhabbar zu machen, indem du sie durch den größten gemeinsamen Teiler teilst und wieder mit ihm multiplizierst. Das kannst du in allen möglichen Situationen machen. Du kannst auf diese Weise sogar unser ganzes Sonnensystem in einem Park in deiner Nähe aufbauen!

Mache dieses Experiment, um eine echte Vorstellung davon zu bekommen, wie weit jeder Planet von der Sonne entfernt ist. Du wirst überrascht sein zu sehen, wie weit die Sonne von einigen unserer Nachbarn entfernt ist. Es macht mehr Spaß, wenn du verschieden große Bälle und Früchte als Planetenmodelle nimmst, denn so lässt sich die relative Größe der Planeten besser vorstellen. Aber auch wenn du nicht alle Größen parat hast, macht dieses Experiment Spaß.

Achte nur darauf, genügend Platz zu haben, denn eine deiner Entfernungen wird fast 50 Meter weit weg sein.

DU BRAUCHST

- 1 STOCK (ALS MARKIERUNG)
- 1 MASSBAND
- 1 GOLF- ODER MINIGOLFBALL
- 1 BLEISTIFT
- PAPIER
- 1 TENNISBALL
- 1 BALL, DER ETWAS GRÖSSER ALS DER TENNISBALL IST (Z. B. BASEBALL, KLEINE MELONE ...)
- 1 MANDARINE
- 1 WASSERBALL
- 1 BASKETBALL
- 1 GRAPEFRUIT
- 1 BALL MIT EINEM DURCHMESSER VON CA. 12 CM (SOFTBALL, MELONE, KOHLKOPF ...)

DER VERSUCH

1. Finde einen Platz im Park, wo dir viel ebener Boden zur Verfügung steht (bis 50 m).

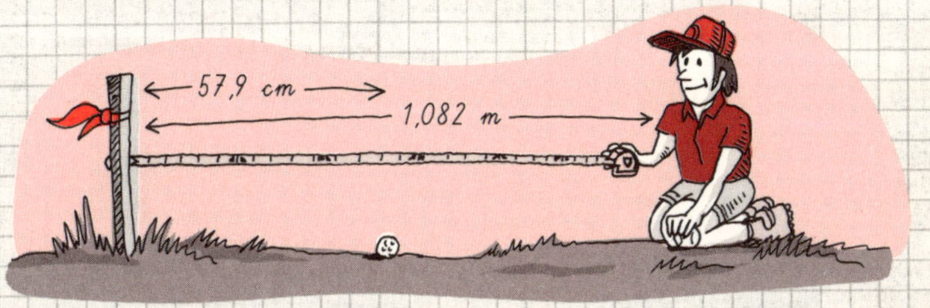

2. Stecke den Stock oder eine andere Markierung in den Boden: Das ist in deinem Sonnensystem-Modell die Sonne.

3. Fange an, von der Sonne aus zu messen, bis du 57,9 cm erreichst. Lege hier den Golfball hin: Das ist der Merkur. Schreibe diese Entfernung auf dein Blatt Papier; mache das jedes Mal, wenn du einen neuen Planeten platzierst.

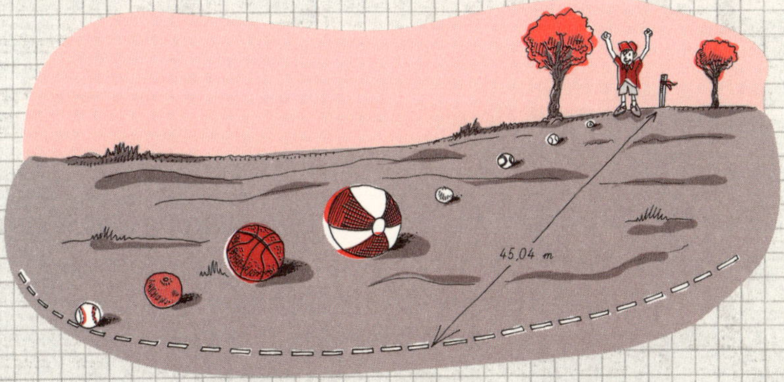

4. Gehe zurück zur Sonne. Miss zum zweiten Mal und lege bei 1,082 m Entfernung von der Sonne den Tennisball hin: Das ist die Venus.

5. Der Baseball (bzw. die Melone ...) ist die Erde bei 1,496 m Entfernung von der Sonne.

6. Bei 2,279 m Entfernung von der Sonne liegt Mars (die Mandarine).

7. Bei 7,783 m Entfernung von der Sonne liegt Jupiter (der Wasserball).

8. Bei 14,29 m Entfernung von der Sonne liegt Saturn (der Basketball).

9. Bei 28,75 m Entfernung von der Sonne liegt Uranus (die Grapefruit).

10. Bei 45,04 m Entfernung von der Sonne liegt Neptun (der Softball).

11. Du hast nun alle acht Planeten in ihrer relativen Entfernung zur Sonne platziert. Schau dir jetzt deine Planetenliste an und multipliziere alle deine Entfernungen mit 100.000.000 (100 Millionen). Ändere dann die Maßeinheit von m zu km. Insgesamt hast du dann alles um 11 bzw. 12 Stellen verschoben. Diese neuen Zahlen sind die Entfernungen in km (also nicht mehr in m), in der die Planeten zur Sonne liegen.

Beispielseite aus deinen Notizen:

Planet	Entfernung von der Sonne (im Experiment)	Tatsächliche Entfernung von der Sonne
Merkur	0,579 m	57.900.000 km
Venus	1,082 m	108.200.000 km
Erde	1,496 m	149.600.000 km

Wahnsinn, oder?

MATHE-MAGIE

KANN 2 = 1 SEIN?

Hier ist eine Herausforderung auf Einstein-Niveau. Beginne mit dieser Aussage:

$$a = b$$

Von diesem Startpunkt aus kannst du eine Reihe von Gleichungen erstellen, die zu der unwahrscheinlichen Schlussfolgerung führen, dass 2 = 1 ist.

$$a = b$$
$$a^2 = ab$$
$$a^2 - b^2 = ab - b^2$$
$$(a + b)(a - b) = b(a - b)$$
$$a + b = b$$
$$2b = b$$
$$2 = 1$$

Findest du den Logikfehler, der dazu führte, dass 2 = 1 sein soll? Mit anderen Worten: Irgendwo in diesem scheinbar logischen Vorgang ist ein Schritt, den man so nicht machen kann. (Hinweis: Was kannst du über $a - b$ sagen?)

Die Lösung: Wie war doch gleich der Hinweis? Tja, wenn $a = b$ ist, dann ist $a - b$ ja wohl = 0. Die ersten Gleichungen haben schön dorthin geführt. Aber dann soll man – in der langen Gleichung – jede Seite durch $(a - b)$ teilen. Durch 0 zu teilen ist jedoch nicht möglich – und deshalb ist es ebenso unmöglich, dass 2 = 1 ist.

1
2
3

24

ÜBERLEBENSCHANCE: DU BIST TOT

ÜBERLEBENSSTRATEGIEN: WAHRSCHEINLICHKEITSRECHNUNG

TOD DURCH: GEKÖPFT WERDEN

WELCHE TÜR IST DIE RICHTIGE?

DAS PROBLEM

Welch sinnloser Versuch, die Wachen des Herzogs von deiner Unschuld und davon zu überzeugen, dass es ein anderer Junge im roten Umhang war, der die Statue des Herzogs vor der Burg geköpft hatte. Der Herzog wurde sehr zornig, als er davon erfuhr, und die Wachen wussten, dass ihre eigenen Leben in Gefahr waren, wenn sie keinen Schuldigen präsentieren konnten.

DAS ZIEGENPROBLEM

Dieses Problem wird auch Monty-Hall-Problem genannt, nach dem Moderator der berühmten amerikanischen Spielshow *Let's Make A Deal* (bei uns als *Geh aufs Ganze!* bekannt). In der Show musste man sich für eine von 3 Türen entscheiden. Hinter einer war ein schöner Preis – ein Auto oder eine Reise –, hinter den anderen stand bloß eine Ziege (bzw. ein sogenannter *Zonk*, ein Stofftier). Die Mitspieler durften sich nach ihrer ersten Entscheidung noch einmal umentscheiden. Manchmal öffnete der Moderator, um ihnen auf die Sprünge zu helfen, eine Tür, hinter der eine Ziege stand. Die Frage war nun, inwieweit diese Aktion die Entscheidung des Mitspielers beeinflusste. Dieses „Ziegenproblem" ist heute ein berühmtes Problem in der Wahrscheinlichkeitsrechnung.

Du wirst nun also in den Bankettsaal gebracht. Dutzende von Menschen an den Tischen hören auf zu essen und sich zu unterhalten, als du geradewegs zu dem Tisch unter dem Wandteppich geführt wirst.

Dort sitzt der Herzog, der dich wütend mit Blicken durchbohrt. „Ich, Don Carlo, herrsche, so weit das Auge reicht", spricht er. „Ich herrsche gerecht; mein Volk respektiert mich und gehorcht mir, weil ich ihm Frieden und Wohlstand bringe. Wir sind wie eine Familie, und daher ist ein Akt gegen mich ein Akt gegen uns alle. Und so muss er auch angemessen bestraft werden."

Er fährt fort. „Ich hätte Euch gleich umbringen lassen können, doch ich begehre etwas Unterhaltung – und kann Euch so die Chance bieten, Euer Leben zu retten. Hinter mir seht Ihr 3 Türen, mit 1, 2, und 3 nummeriert. Eine von ihnen führt Euch in die Freiheit. Die anderen beiden führen direkt zum Henker. Ihr müsst nun eine Tür wählen."

Starr vor Angst, schaffst du es schließlich, zu murmeln: „Tür Nummer 2."

Der Herzog sagt mit amüsierter, aber grausamer Miene: „Öffnet Tür Nummer 1."

Die Tür öffnet sich, und du siehst eine Treppe, die hinunter in die Dunkelheit führt. Ganz klar: Es ist eine der beiden Türen zum Henker. Der Herzog kichert hämisch und sagt: „Ihr hättet Euer Leben verloren, wenn Ihr diese Tür gewählt hättet. Ihr müsst Euch noch einmal entscheiden: Wenn Ihr es wollt, könnt Ihr auf Tür 3 umschwenken. Bleibt Ihr bei Tür 2, oder soll es Tür 3 sein?“

Die Entscheidung liegt bei dir. Wenn du dich umentscheidest: Wie hoch ist die Wahrscheinlichkeit, dass du die Tür zur Freiheit wählst?

WAHRSCHEINLICHKEIT

Wahrscheinlichkeit ist die Chance, dass etwas passieren wird oder auch nicht. Nehmen wir als Beispiel das Werfen einer Münze. Diese hat 2 Seiten: Kopf und Zahl. Wirfst du die Münze, kann sie nur auf einer dieser beiden Seiten landen. Die Wahrscheinlichkeit von „Zahl“ liegt also bei 1 : 2 (oder $\frac{1}{2}$ oder 50 Prozent). Dabei beschreibt Wahrscheinlichkeit das, was vermutlich passiert, wenn die Münze sehr, sehr oft geworfen wird. Sie ist also keine Garantie dafür, dass du bei zweimaligem Werfen einmal Kopf und einmal Zahl bekommst. Aber wenn du die Münze zum Beispiel 500-mal wirfst, dürftest du ungefähr 250-mal Kopf und 250-mal Zahl erhalten.

EUKLIDS RATSCHLAG

Hier geht es um Wahrscheinlichkeit. Diese musst du in jedem Stadium untersuchen.

Notiere alles, was du weißt:

- **Anfangs hattest du eine Chance von 1:3, die Tür zur Freiheit zu wählen.**
- **Als der Herzog Tür Nummer 1 öffnete und dir die Chance zu wechseln gab, reduzierte er die Anzahl der Türen auf 2.**

Immer noch verwirrt? Dann mache doch zuerst das Mathe-Experiment auf Seite 232 – das wird dir helfen, die hier vorkommende Wahrscheinlichkeit besser zu verstehen.

HINWEIS: Zeichne eine Tabelle oder ein Baumdiagramm, um deine Wahlmöglichkeiten vor Augen zu haben.

PLATZ ZUM RECHNEN

Rechne es aus.

DIE LÖSUNG

DIE WAHRSCHEINLICHKEIT, DIE TÜR ZUR FREIHEIT ZU WÄHLEN, BETRÄGT $\frac{2}{3}$, WENN DU DICH UMENTSCHEIDEST. DAS HEISST: DURCH DAS WECHSELN ZUR ANDEREN TÜR VERDOPPELST DU DEINE ÜBERLEBENSCHANCEN.

Löse das Problem Schritt für Schritt:

1. Anfangs war die Wahrscheinlichkeit, dass jede Tür zur Freiheit führte, die gleiche: eine 1-zu-3-Chance ($\frac{1}{3}$). Mit anderen Worten: Deine Wahl (Tür Nummer 2) hatte eine 1-zu-3-Chance ($\frac{1}{3}$), und die anderen beiden Türen hatten zusammen eine 2-zu-3-Chance ($\frac{2}{3}$).

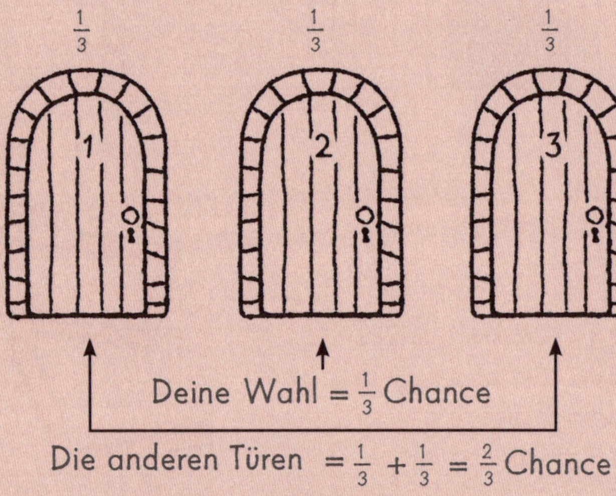

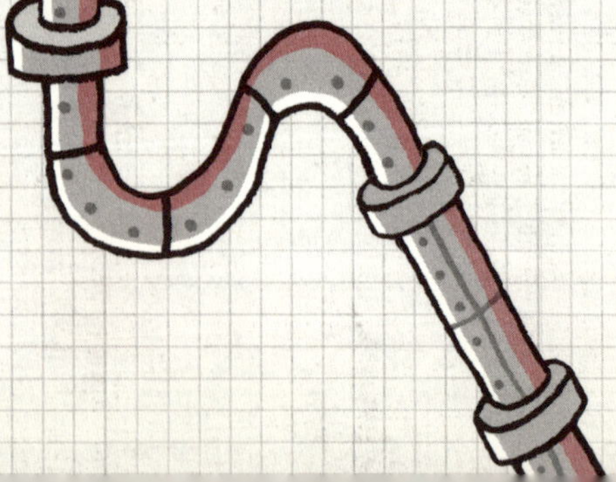

2. Dann öffnet der Herzog eine der 2-zu-3-Türen (Tür Nummer 1), die nicht in die Freiheit führt. Doch diese Tür hatte ja zusammen mit Tür Nummer 3 eine $\frac{2}{3}$-Chance, und das heißt, dass jetzt, wo die Chance von Tür 1 = 0 ist, die verbleibende Tür (Nummer 3) *immer* noch diese $\frac{2}{3}$-Chance hat, zu gewinnen. Die ursprüngliche Tür (Nummer 2) hat dagegen immer noch nur die $\frac{1}{3}$-Chance.

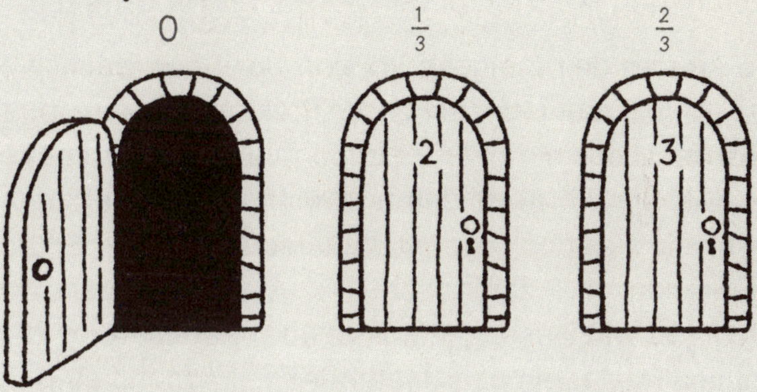

3. Das heißt, dass es deine Gewinnchancen verdoppelt, wenn du dich noch für die andere Tür entscheidest.

Willst du den Beweis dafür, dass das wirklich funktioniert? Mache das Experiment auf der nächsten Seite, und du kannst allen zeigen, dass es deine Überlebenschancen wirklich verdoppelt, wenn du dich noch einmal umentscheidest.

MATHE-LABOR

Die Spielshow *Geh aufs Ganze* war auch für Zuschauer sehr spannend, weil man immer überlegte, wie hoch die Wahrscheinlichkeit war, was Tolles zu gewinnen – oder zu verlieren. Der Showmaster öffnete häufig eine der 3 Türen und bot dem Spielkandidaten die Chance, sich noch einmal umzuentscheiden. Der Kandidat konnte den Preis hinter der gewählten Tür behalten.

Du kannst deine eigene Version der Show nachspielen – mit ein paar schönen Preisen und ein paar „Zonks". Lass ein paar Freunde mitspielen und notiere, wie oft die Kandidaten gewinnen oder verlieren, wenn sie sich noch einmal umentscheiden. Das Ergebnis könnte dich überraschen – und auch jeden, der nicht an die Lösung der Aufgabe glaubt. (Und das schließt sogar ein paar Matheprofessoren mit ein!)

DU BRAUCHST

- MEHRERE MITSPIELER
- 3 GROSSE PAPP- ODER PLASTIKBECHER
- 1 TISCH ODER THEKE, UM DIE BECHER DORT HINZUSTELLEN
- 10 BIS 20 KLEINE SCHOKORIEGEL (ODER ANDERE KLEINE PREISE)
- 2 KLEINE PLASTIKFIGUREN, DIE UNTER DIE BECHER PASSEN (JE HÄSSLICHER, DESTO BESSER – DAS SIND EURE „ZONKS")
- 1 BLEISTIFT
- PAPIER

DER VERSUCH

Du selbst übernimmst die Rolle des Showmasters.

1. Stelle die Becher umgedreht auf den Tisch. Dabei darf keiner deiner Freunde zusehen.

2. Lege 1 Schokoriegel oder anderen Preis unter einen der Becher und unter die anderen beiden je 1 Zonk. *Wichtig:* Merke dir, wo was liegt!

3. Bitte einen Freund, sich einen der Becher auszusuchen.

4. Drehe nun einen der anderen beiden Becher um (natürlich einen, unter dem der Zonk liegt) und frage deinen Freund, ob er sich doch noch einmal umentscheiden möchte.

5. Drehe den Becher um, den er schließlich gewählt hat (entweder hat er sich umentschieden oder nicht), und notiere, ob er gewonnen hat oder nicht – und ob er sich umentschieden hat.

6. Wiederhole die Schritte 3 bis 5 mit dem nächsten Kandidaten.

7. Spielt das Spiel 10- oder 12-mal.

8. Vergleicht, wie oft Kandidaten gewonnen haben, wenn sie sich umentschieden haben, damit, wie oft sie erfolgreich waren, wenn sie bei ihrer ursprünglichen Wahl geblieben sind. Ihr werdet sehen, dass die Lösung der Aufgabe „Welche Tür ist die richtige?“ stimmt!

REGISTER

Die Seitenzahl bezeichnet den Beginn der jeweiligen Aufgabe bzw. des Experiments.

PLATZ ZUM RECHNEN

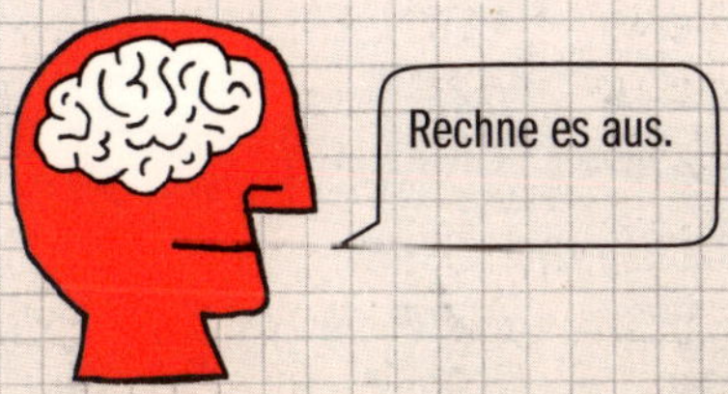

PLATZ ZUM RECHNEN

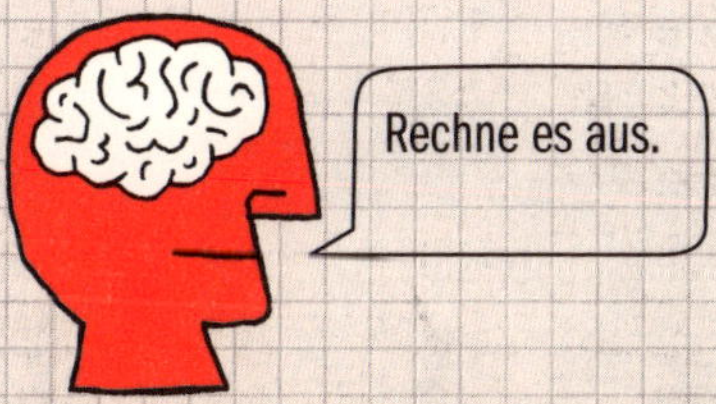
Rechne es aus.

PLATZ ZUM RECHNEN

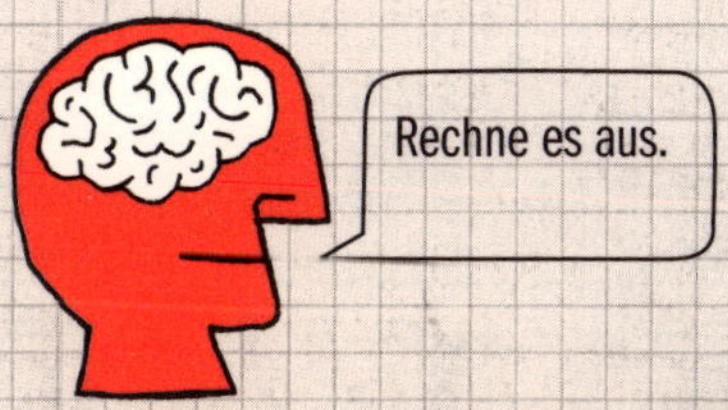
Rechne es aus.

PLATZ ZUM RECHNEN